跟著台達
蓋出
綠建築 2

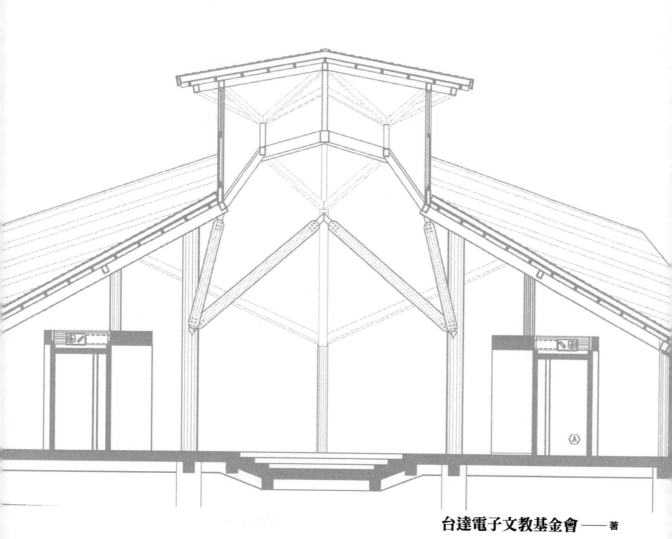

台達電子文教基金會 ——著

CONTENTS

CONTENTS

12支微電影，倒帶台達綠建築的精華片段

台達從2005年投入綠建築迄今十餘年，細惦當中過往，
承載了經驗與態度，學習與整合，信任託付與全力以赴，
這些故事是和建材一起砌出每棟綠建築。

故事需要被整理，方能回味與接續，
因此分別邀請了深度參與的綠建築主角，
其中包含台達主管、建築師或合作夥伴，
以第一人稱敘述，詮釋各棟綠建築的靈魂與精華。

12支影片每支以3～4分鐘的時間，邀您領略。

展開行動 化解氣候變遷威脅

文／鄭崇華（台達集團創辦人暨台達電子文教基金會董事長）

　　《跟著台達 蓋出綠建築》自出版以來，讓各界
對於台達本身並非從事營造業，卻相當熟稔於綠建
築如何節能減碳感到相當好奇。包括美國綠建築協
會（US Green Building Council, USGBC）、荷蘭綠建築
委員會（Building Research Establishment Environmental
Assessment Method, BREEAM）等，也都與台達展開新
的合作計畫。

朝正能量建築方向前進

　　直至2019年底，台達自建與捐建的綠建築已達到
27棟，並有兩座經能源與環境先峰指標（Leadership
in Energy and Environmental Design, LEED）認證的資料
中心，均為全球之先；三年之內綠建築總棟數更突破
30%，並從淨零耗能（Net Zero）的標準，逐步朝向正
能量建築的方向前進。

除此以外，台達也加入國際健康建築研究院（International WELL Building Institute, IWBI）的指標開發，讓更多健康建築的標準可以結合智慧與節能的元素，並將在台北內湖總部旁蓋出一棟符合WELL標準的建築。同時，台達也成立了樓宇自動化部門，讓台達在自動化控制的強項，可以運用在建築節能與追求室內空間的舒適與健康。

靈活調度綠色電力

台達的綠建築，單是在2018年就幫地球節電1,700萬度，若再加上台達同樣已布局超過十年的低碳運具充放電技術與電網等級儲能技術，未來跟著搭配建築做分散式能源的建置，使建築可以擁有具能源韌性的微電網系統，讓綠色電力可以更靈活地被調度與使用，將有助於減緩極端氣候對電網所帶來的衝擊，更是台達接下來對於全人類可以帶來的重大貢獻。

2020年開始，已有不少城市、區域與國家宣布進入「氣候緊急狀態」，全速朝向2050年零排碳的終極目標。

但在此同時，卻仍有不願正視科學界所發出的警訊，只在乎自己及利益共生團體就地分贓的政治人物，持續讓煤炭等化石燃料繼續主宰人類的經濟活動，甚至坐視他國面臨如森林大火、豪雨成災、糧食短缺、海洋生態系瓦解等衝擊。

國際上已有受害的島國呼籲，若有國家對地球快速升溫再不行動，將已構成「反人類罪」（Crimes Against Humanity）的罪行；阻止地球暖化不再是道德問題，而是人類族群存亡的關鍵。

　　希望透過《跟著台達 蓋出綠建築》的再版，將台達廠辦及基金會捐建的綠建築分成一、二冊出版，並搭配由王茂榮先生所撰寫的《跟著台達節能50%》，可以讓讀者更容易理解台達推動「環保節能」的初衷，也希望讓更多人具備信心，我們一定可以化解氣候變遷對全人類造成的威脅，只要我們願意立刻展開行動。

環境永續的推廣者與示範者

文／高希均（遠見‧天下文化事業群創辦人）

在2010年出版《實在的力量》書中，我曾如此形容台達集團創辦人鄭崇華：「鄭先生的創業歷程，完全符合大經濟學家熊彼得在二十世紀上半葉所倡導『企業家精神』的經典定義。它是指創業者具有發掘商機與承擔風險的膽識，以及擁有組織與經營的本領。走在時代潮流前面的他，還擁有另一個抱負：承擔企業社會責任。」

實踐企業社會責任

六年之後出版的這本《跟著台達 蓋出綠建築》，正是台達實踐企業社會責任（CSR）的成果紀錄。

若問台灣產業界的CSR標竿，台達無疑是最常被提起的企業。《遠見》CSR調查舉辦十二屆以來，台達已累積十四座獎牌，創下無人能超越的高標。有趣的是，獎項設立前五年，由於台達連續三次獲得首獎，評審委員會只好把台達晉升為「榮譽榜」，委婉說明：暫停

三年申請。

　　不只是台灣企業的「高標」，台達集團近五年還連續入選「道瓊永續指數」（DJSI）之「世界指數」（DJSI World），且總體評分為全球電子設備產業之首，為世界企業永續經營的標竿。

　　其中，「綠建築」正是台達過去十年積極深耕的領域之一。由於多年來對於環保節能的重視，鄭崇華創辦人要求集團旗下所有廠房都必須是綠建築，過去十年間，已陸續打造九棟綠建築，遍及台灣、中國大陸、印度、甚至遠在太平洋彼岸的美國。

付諸行動，將危機變轉機

　　身為全球電源管理與散熱管理解決方案領導廠商，轉而投入打造綠建築，台達集團是維護環境永續的「實踐者」，他們以具體行動證明，只要願意關注環境永續議題，並付諸行動，氣候變遷的危機反而是企業的最佳機會。

　　台達集團同時是綠建築的「推廣者」。2008年起，他們開始把觸角延伸到校園，捐贈許多教學型的綠建築，包括四川楊家鎮台達陽光小學、四川龍門鄉台達陽光初中、高雄那瑪夏民權國小、成功大學孫運璿綠建築研究大樓、成大南科研發中心、清華大學台達館、中央大學國鼎光電大樓等。同時，也培養綠領志工，導覽綠色廠辦，讓民眾對綠建築有深入了解。

更令人佩服的是，台達集團勇敢而自信地擔任全球「示範者」：讓世界看見台灣在環境議題上的成績。

多年來，無論關注環保、能源、綠建築，台達都緊扣著全球大趨勢——氣候變遷。由於台灣不是聯合國會員，無法以正式國家身分參與聯合國氣候公約締約國大會，但台達集團透過旗下台達基金會，於2007年取得非政府組織的觀察員資格，到了2014年，首次獲得共同主辦周邊會議（Side Event）的機會，並在祕魯利馬舉行的聯合國氣候公約第20次締約國大會（COP 20）中，召開周邊會議，傳達來自台灣的聲音。

有了利馬會議的成功經驗，在隔年巴黎氣候峰會（COP21）上，台達整合企業與基金會資源，以十年打造21棟綠建築經驗，參與聯合國主會場藍區（UN Blue Zone）及巴黎大皇宮（Grand Palais）舉辦的「Solution COP21」展會，成為有史以來曝光率最高的台灣團隊。

《實在的力量》書中，鄭崇華創辦人說：「只要實實在在地、一樣一樣地把事情做出來，信心就會油然而生。」在世界更動盪、人心更不安的此刻，《跟著台達蓋出綠建築》這本書，再次證實，也更讓我們看見，只要不放棄夢想、專注付出、做對社會有價值的事，就能成為社會正向發展的動力。

推薦序
先行者的洞見與胸襟

文／簡又新（台灣永續能源研究基金會董事長）

　　2015年底，我在巴黎跟大多數選擇這段時間進入這個城市的人們一樣，為了關切地球氣候變遷的惡化，以及思考生態環境存續發展的對策而來，這就是全球矚目的聯合國氣候變化綱要公約第21次締約國會議（COP21）。

　　此次會議意義重大，主要的成果在於明確設定全球目標升溫小於攝氏2度，並致力於限制在1.5度以內，全人類一致決定共同解決氣候變化問題，全球195個國家均參與以國家自定貢獻（NDCs）做為減量目標之機制進行減排或限排，並在一個有法律拘束性的當責系統，進行透明公開的呈現。

　　此外，將由已開發國家籌集每年一千億美元的綠色氣候基金，協助開發中國家進行減緩與調適。

　　簡言之，《巴黎協定》開啓人類文明新的一扇門，走入低碳永續的未來，也將徹底改變能源發展與轉換的方向，並對全球經濟發展產生全面、不可逆的重大轉

型。上述這些跨世紀、劃時代的革命性發展，著實令人振奮！

　　更令我感到欣慰甚至驕傲的，則是我在巴黎看到且近身接觸了一家台灣企業，它將其本業核心技術與節能減碳議題相結合，竭盡所能地提高產品節能效率、精進生產過程，更早在十年前就樹立業界標竿、興建全台灣第一座九項指標都通過的黃金級綠建築標章認證的廠辦，隨後更獲得晉升為鑽石級綠建築。

節能不是口號

　　整個COP21會期中，這家企業不僅投注大量人力、物力，更可貴的是為提高我國企業國際聲譽投入了許多的心力：在大皇宮圓滿舉辦一場引起與會代表關注的綠建築特展，並主動參加或發起數個周邊會議，尤其難能可貴的是獲得德國館的邀約舉辦周邊會議。

　　讓集團內的高階經理人紛紛化身環保使者，為台灣向國際舞台發聲，闡揚各種節能減碳的理念，並將公司在2009到2014年間五年內，減少50％單位產值用電量的實際成果來佐證——「節能不是口號」，他們不僅已經做到，並且未來還有雄心繼續做得更好。

　　相信大家都知道了，這就是台達。這就是讓世界在環境與氣候議題上清楚看見台灣的先行者。台達是台灣少數將節能減碳內化在公司企業社會責任的企業，除了各式節能產品的研發速度驚人外，更在COP21這

麼重要的國際舞台引領前瞻性的議題，實在是企業界的台灣之光。

講到台達，不得不提及創辦人鄭崇華先生。鄭先生是我個人非常佩服的企業家，從創業初期遭逢石油危機，鄭先生就對能源問題深有所感，一直到公司投入IT產品研製，更不斷思索如何提高整體營運與製造效率，以節省水電資源，所追求的是公司「環保 節能 愛地球」的經營使命，這樣無我的大愛精神，不僅賦予公司強大的創新力量，也對整體營運績效與企業聲譽，帶來關鍵性的影響與非常正面的幫助。

即知即行、做就對了

鄭先生是一位非常樸實的人，做事情總是默默耕耘，先把眼光放遠，再把腳步踏實，經營企業如是，關懷全人類亦如是。近年來，鄭先生逐漸退出台達集團第一線的經營，但他卻用更上一層樓的高度，繼續其永續環保志業。

台達從2006年開始，十年來總共在全球蓋了21棟綠建築，這樣的速度與成績，全世界都沒有幾個企業或團體能望其項背。台達不僅推廣與實踐綠建築，近年更積極研發，運用自家產品或整合方案來提升建築的能源使用效率。這種「lead by example」的實在作為，真是堪為典範！

我認為這本書，帶給大眾的重要意義，就在於將台

達「即知即行、做就對了」的理念分享給大家，並藉由各具特色的綠建築實例，讓大家了解這些重要卻簡單的觀念，是可以落實成真的。當多數人改變觀念，就可以成就風氣、攜手實踐，我想，這也是鄭先生暨台達團隊，最希望達成的使命。

自序
台達的綠建築之路

文／鄭崇華（台達集團創辦人暨台達電子文教基金會董事長）

2015年底，台達參與了全球最關鍵的巴黎氣候會議，包括主辦周邊論壇、參與國際會議，並舉辦綠建築展覽。然而，這一切並非一蹴可幾，而是長期的累積和努力。

台達從2007年起持續出席每一屆聯合國氣候會議：2013年台達基金會取得第一手IPCC國際氣候專家報告，即時為各界解讀國際關注的氣候議題；2014年在利瑪氣候會議的周邊會議上，台達以那瑪夏民權國小綠建築的案例，向國際與會者展示綠建築的節能效益。2015年在巴黎COP21期間，台達將十年來興建二十多棟綠建築的成效，與國際人士分享。

2016年6月，我們將COP21巴黎綠建築展移展北京，接著在9月底移展到台北華山，讓大家看見智慧綠建築如何兼具節能與舒適。舉辦華山綠建築展的同一時間，我們也和《遠見》雜誌合作出版了這本書——《跟著台達 蓋出綠建築》，將台達過去興建綠建築的經

驗，以文字、照片和影像呈現給社會大眾。

感謝《遠見》雜誌專業的編輯團隊耗費心思採訪，並協助本書的文字編排與企劃，讓一般人也能進入綠建築世界。也特別感謝台達同仁，他們平日工作繁忙，卻還主動提議出版書籍和微電影，為自己額外增添不少工作量。

事實上，台達能完成這些綠建築，是一群幕後無名英雄努力的成果，尤其是台達營建處陳天賜總經理。在工地遇見陳天賜，看他曬得黝黑的模樣，你想像不到他是電機系畢業的專業經理人。他對工程品質毫不妥協，不符合標準的地方一定修改到好。沒有他的付出，不會有這麼好的成果。

綠建築可以環保又節能

透過這本書，台達想要分享的是，綠建築可以環保節能，又能讓使用者更健康舒適。同時，綠建築並不是昂貴的建築，反而是利用本土天然的優勢就地取材。有一次有訪客好奇問我，台達蓋桃園研發中心到底花了多少錢，我反問他：「你認為要花多少錢？」結果對方猜的金額，幾乎是台達實際花費的兩倍。他得知後驚呼：「怎麼可能？！」實際上，我們除了設計及選材用心，許多設備及自動控制軟硬體也都是員工們努力的成果，我們自己設計、自己製造、自己裝配使用。

台達十年來打造了二十多棟綠建築，累積了許多的

經驗。如2015年落成的台達美洲區新總部綠建築大樓，建築物冬暖夏涼，全年用電量不會超過自身利用太陽能所產生的電量，達到淨零耗能的高標準。此外，對於過去興建的舊有建築，同仁們也設法改善，如台達全球總部瑞光大樓，雖然外觀看不太出來改造前後的差別，但藉由用心調整大樓的照明、空調和電梯能源回生系統，電費就省了一半，不僅成為第一棟獲得台灣EEWH綠建築標章既有建築改善類最高的鑽石級認證，同時也獲得美國綠建築協會LEED既有建築改造最高等級的白金級標章。

為何關心環境危機？

在這累積的過程中，我發現建築物具有30%～60%的減碳潛力，興建綠建築更可達到十分可觀的節能效益。然而，世界上有不少偉大建築，外觀設計非常考究，也顧慮到居住者的舒適，但卻很少有人關注是否浪費地球資源，使用起來是否節能省電。經常有人問我，「為什麼您那麼關心環境危機，熱中拯救地球？」其實我自認環保意識並非與生俱來，而是人生境遇的深刻體悟。

在創立台達以前，我曾任職於美商精密電子（TRW），負責生產、技術及品管總共五年。到任之前，我被派到美國總公司受訓三個月，在美國，電鍍廠排放的廢水都蓄積在大池子裡，每隔幾小時就放入

化學藥劑處理有毒物質，排放到河裡前，還得再三確認。只要環保單位在河口抽檢到有毒物質，工廠就會遭受重罰甚至勒令停工。

當我結訓回到台灣的樹林工廠，卻發現廢水排放前完全沒有經過處理，就流入附近的田裡，原來台灣分公司為了節省成本，再加上當時沒有明確法律規定，也就沒有編列處理廢水的預算。由於有毒物質含量只要個位數的ppm值（百萬分之一），就可能致命，這讓我一夜難眠。隔天，我告訴外籍總經理，這個問題很嚴重，若出了人命，負責人將會被判重刑。當下外籍總經理嚇到臉色慘白，要我「趕快花錢去做！」我立刻找了水電公司，土法煉鋼地把廢水處理系統建構起來。

像這樣一點一滴的人生經驗，再加上我在九〇年代後期陸續看一些環保書籍，包括：《四倍數》（*The Ecology of Commerce, Factor Four*）、《綠色資本主義》（*Natural Capitalism*）、《從搖籃到搖籃》（*Cradle to Cradle*）等，都給我很大啟發。後來我也跟著《綠色資本主義》的步伐，實際走訪了幾間書上介紹的綠建築，開始了台達的綠建築之路。

近年來天災愈來愈多，也愈來愈嚴重，我們必須覺醒，加緊環保節能，希望本書所介紹的台達綠建築之路，能為有心的個人與企業帶來啟發，並進一步用行動來維護人類的永續生存。

Chapter 1

不一樣的
綠校園

從自家廠房和辦公室累積一定的綠建築設計經驗後，2008年起，台達開始把推廣觸角投向校園，至今捐贈了許多教學型的綠建築，希望年輕學子從小就體驗到綠建築的好處，培養友善環境思維。

　　事實上，到學校蓋綠建築，並沒有外界想像那般容易。因為這些建築不但要有節能減碳的設計手法，更得符合校方教學上的需求，過程中還得打通不少行政環節與溝通程序，才能發揮預期效益。

　　不管是小學、中學或大學，台達綠校園的蹤跡遍及兩岸各地。四川楊家鎮台達陽光小學、四川龍門鄉台達陽光初級中學、高雄那瑪夏民權國小、成功大學孫運璿綠建築研究大樓、成功大學南科研發中心（又稱「台達大樓」）、清華大學台達館、中央大學國鼎光電大樓、雲南巧家縣大寨中學台達陽光教學樓等一棟棟綠能減碳的校園，是台達致力於環境與教育始終如一的堅持。

　　但這些綠色校園，與一般校園又有何不同？

01

「蜀光」下重生
四川楊家鎮
台達陽光小學

故事的源頭，來自一場災難。

對中國大陸來說，2008年是很值得紀念的一年。那年，中國首次舉辦奧運，「北京奧運」規模空前，讓全球見證了中國驚人的經濟實力，還有重返世界中心的強烈企圖心。

不過，同年（5月12日）發生的「汶川地震」，就某種程度來說，或許更讓底層人民難以忘懷。

地震重創天府之國

位於中國西南部的四川盆地，群山拱衛、土地豐饒，自古就有「天府之國」美譽。這一帶不但有雄奇險秀的自然風光，也孕育了悠長久遠、璀璨絢麗的巴蜀文明。長年來，當地人們感謝著自然的恩賜，享受著閒適、富足的生活。

可是，這場舉世震驚的大地震，卻是中國大陸自1976年「唐山大地震」以來，傷亡最慘重的一次，不但奪走近七萬條生命，更使數十萬人賴以生存的家園慘遭摧毀，在驚恐與悲痛之中，生活陷入停擺。

當時，距離震央超過兩百公里的四川省綿陽市，有座楊家鎮小學也難以倖免地遭受地震劫難，原有校舍受損嚴重，數百名兒童的學習面臨困境。當地一名家長回想：「當時我們的心裡非常著急、恐慌。到板房（臨時教室）學習，老師在裡面講課，非常悶熱，學生也學得不是很好。」

楊家鎮台達陽光小學	
完工年份	2011年
設計	山東建築大學團隊中國建築設計研究院國家住宅工程中心（簡稱國家住宅工程中心）總建築師曾雁
空間量體	占地面積2萬7,400平方米，建築面積6,570平方米
師生數	八百多人
節能效益	室內溫度可降低1～3℃，相對濕度可降低10～30%，室內光照度可提高70～200lx
相關認證	2009年台達盃國際太陽能建築設計競賽一等獎

　　失去了校舍，不僅干擾學生學習，連老師也過得很苦。時任楊家鎮台達陽光小學校長的楊波表示，由於沒有住宿樓，一些住得離學校比較遠的學生，每天上學都要很早起，走一個多小時才能到校。教職員辦公條件也很克難，幾十個老師得擠在兩間狹小的教室裡辦公。

　　災害發生後的需求千頭萬緒，經過考量，台達集團希望把環保理念融入重建過程，因此決定捐贈1,000萬

人民幣，替楊家鎮小學師生們重新打造安全、舒適的校園環境，同時發揮綠建築專長，把低碳、環保、節能的綠色理念，運用到新校舍的建設當中。

為四川災區帶來曙光

2009年，由台達冠名贊助的「台達盃國際太陽能建築設計競賽」，便向全球募集以重建楊家鎮小學為主題的可行方案。

最終，從海內外194件參賽作品中，山東建築大學劉慧等人創作的作品「蜀光」被評為一等獎。再經中國建築設計研究院進一步完善施工設計圖，做為新校園的執行方案。內容包含教學行政樓、宿舍、食堂、運動場和生態池，營造一座可容納八百人的學習空間，同時滿足三百名師生的住宿需求，希望從震災中重生，看見曙光。

2011年4月，以綠建築面貌重現的「楊家鎮台達陽光小學」正式啟用，孩子們終於進入了期盼已久的新校園。滿懷好奇心與興奮感的孩子們，往後可在充滿生態環保意識的綠色校園中，實際體驗綠建築的舒適與環保功能。

值得一提的是，楊家鎮台達陽光小學同時是四川省地震災區第一所綠色校園，因此在4月22日世界地球日舉行的落成典禮上，包括台達集團創辦人鄭崇華、當時的中國可再生能源學會理事長石定寰、中國勘察設計協

楊家鎮台達陽光小學屋頂設有太陽能熱水系統。

會理事長王素卿、中國大陸國家住宅工程中心主任仲繼壽、四川綿陽市市長曾萬明等人，都親自到場恭賀。

時至今日，楊家鎮台達陽光小學儼然成為當地推廣環境教育的示範場域，不斷吸引眾多媒體和業界專家前往參觀。

拉高抗震強度 順應環境與地勢

為因應災後重建需求，建築的抗震強度，無疑是最重要考量。

對此，楊家鎮台達陽光小學的抗震規劃，一次拉高到7.5級，主體建築採單廊平面布局，只設計為三層樓，卻按照高樓層建築的標準進行打樁工程和地基處理，運用四川省建築防震要求的構造工藝，增強對不同方向震動的抗震性。

綠建築的設計概念講究因地制宜。規劃之初，設計團隊就充分考慮了綿陽地區夏季悶熱、冬季潮濕的氣候特色，因此在校內加上許多被動式的節能設計，希望達到夏季方便通風、遮陽，冬季提升保溫、隔潮的效果，降低後續使用的能源消耗與維護成本。

來到這所深褐與灰白色系相間的小學，建築團隊利用基地位置的南北高低差，以及道路與校舍地勢落差，在整座學校創造出三個台地，增加空間變化與層次感。

當時負責設計的中國大陸國家住宅工程中心總建築師曾雁解釋，設計團隊為配合當地的地形變化，增加

1　運用被動式的天窗與通氣孔設計，減少當地氣候帶來的悶熱與潮濕感。

2　經歷無情天災而重生的綠色校園，正是給下一代最好的環境教材。

空間趣味性，再把教學區一組建築移到西南角，讓處於中心的院落區域更開闊，增加學生的活動空間。

設置天窗架高地面 教室舒適度大增

此外，為提升屋內通風效果，庭院北部架空，並在建築頂層設置北向天窗，改善夏天頂樓悶熱的現象。

教室、辦公和宿舍等主要建築，還在屋頂加入緩衝層，外牆也採複合牆體，加強隔熱和保溫作用。

為增加防潮效果，建築底層還使用了架空設計，利用流通的空氣帶走濕氣，經過實測，室內溫度可因此降低攝氏1.3度，相對濕度也可降低10%～30%，大為增加環境舒適度。

除此，教室與地下室皆大量使用自然採光。舉例來說，教室上的天窗，能把室內光照度提高到70～200lx（每單位面積吸收可見光的光通量），有效節約照明用電。

另外，校內的食堂、浴室，都採用太陽能集熱器和太陽能熱水系統，提供住宿生和教師的生活用水，並以生態汙水處理技術淨化生活汙水，經過一系列過濾程序和生態池，可重新應用於綠化灌溉用水。

綠建築微電影，精華現播

熱血校長監工
天天到場追蹤

再好的建築藍圖與設計想法，都得仰賴當地施工團隊的落實，才能成真。

在楊家鎮台達陽光小學將近兩年的建造過程中，時任該校校長的楊波，親自在當地監督工程品質，才使台達在中國地區與教育領域的綠建築嘗試，踏出成功的第一步。

儘管校方和綿陽市政府都認同綠建築理念，可是承接建設項目的當地施工團隊，過去並沒有參與綠建築的實務經驗。有鑑於此，台達除委託中國大陸國家住宅工程中心派出總建築師曾雁協助，還委請過去曾合作的台灣建築師楊禧祥，前往四川與施工人員逐一針對設計圖的技術進行交流。

溝通過程中，曾雁一度擔心施工團隊無法正確做出天窗、架空層、遮陽板等被動式節能設計，楊禧祥建築師靈機一動，建議先試做小樣，確定小樣做對了，真正施工就不會有太大問題。

除了專業人士的事前協助，現場不少施工細節的掌握和督促，其實都是由楊波反覆以電話詢問及照片對照，親自要求施工人員「按圖施工」。

曾經，楊校長發現貼磁磚的方式不對，第一次好聲好氣地告訴工人要注意，之後又發現同樣問題，他便向工人借了一支榔頭，把有問題的貼磚敲掉，要求重做，幾乎把學校當成自己家在要求。

漫長的重建過程中，熱心的楊校長幾乎天天到場追蹤進度，可說是幕後功臣。或因如此，新校園尚未竣工驗收前，他因表現備受肯定，被調往涪城區重點學校擔任校長。

「我們學校是沐浴著各界愛心人士的關心、關懷和支持，逐步建立起來的。希望透過我們的努力，讓學校洋溢著愛的氣息，讓學生在這樣的環境中長久地學習，變成有愛心的人，」楊波感激地說。

02

傳承希望
四川龍門鄉
台達陽光初級中學

大自然突如其來的災難，總讓人措手不及。

就在人們逐漸從汶川地震的傷痛中恢復之時，2013年4月20日又發生了「蘆山地震」，再為巴蜀大地帶來沉重打擊。

台達在蘆山地震後快速反應，宣布延續先前災區打造綠建築的援助計畫，再次捐款1,000萬人民幣，援建位於四川省雅安市蘆山縣的「龍門鄉台達陽光初級中學」，是繼汶川地震後捐建楊家鎮台達陽光小學之後，台達在四川打造的第二所綠色校園。

傳承經驗，加速災後重建

傳承陽光小學的經驗，台達陽光初級中學同樣採用2009年台達盃國際太陽能建築設計競賽一等獎「蜀光」的設計概念，並按照當地氣候條件略做修正，使綠建築經驗可快速複製於災後重建，並大為縮短學習曲線和磨合過程。

在當地政府與各界人士支援下，2014年底奠基的龍門鄉台達陽光初級中學，2015年10月便順利完工啟用，目前擁有近三百名師生。

延續綿陽經驗，龍門鄉台達陽光初級中學同樣以抗震等級7.5度的高標準打造，更根據校址條件，實現夏季以通風、隔熱、遮陽、隔潮為主，冬季以保溫、避風為主的被動式設計，有效減少能源使用，並提升教學環境舒適度。

**龍門鄉
台達陽光初級中學**

完工年份	2015年
設計	中國建築設計研究院國家住宅工程中心（簡稱國家住宅工程中心）總建築師曾雁
空間量體	占地面積1萬4,007平方米，建築面積4,680平方米
師生數	300人
節能效益	夏季室內均溫下降1～2℃，空氣相對濕度降低23.5%，室內光照度平均提高92 lx

　　當地的氣候特色是：夏季悶熱、冬季陰冷，因此龍門鄉台達陽光初級中學透過架空地面、天窗採光、遮陽調光等技術，強化整體通風效果。

　　若是跟未採用這些技術的同類型教室相較，陽光初級中學可在夏季達到室內均溫下降1～2度、一樓空氣

相對濕度降低23.5%的理想程度。天窗也能幫助頂層的教室光照度提高92lx，這對於每年日照時數還不到一千小時的當地來說，相當於每天減少近三成的照明用電量。

採用透水磚吸收雨水

保護水資源部分，室外場地除了運動場，皆採用透水磚或透水混凝土，每年可吸收約2,400噸雨水，經場地滲入地下層，幫助涵養周遭地下水環境。

負責規劃的是當時的中國大陸國家住宅工程中心太陽能建築技術研究所副所長鞠曉磊，他分析該校是總結綿陽經驗的翻新設計，因為兩者都在四川境內，地理位置與氣候特點相近，故可沿用楊家鎮台達陽光小學的採光天窗、地板架空、雙層屋面等被動式節能技術，「同時它對於室內的節能及舒適性，都很有幫助。」

有所調整的地方，在於遮陽採光板。楊家鎮台達陽光小學採用的寬度是250公釐，但在龍門鄉實地勘測後發現不夠寬，建築團隊便將校內的南向外窗採光板長度增加到300公釐，確保擁有遮陽及反光的效果。

1　有了楊家鎮的前例，台達在四川打造第二所綠色校園時更為順暢。

2　校內大量鋪設透水磚，雨水滲透涵養周圍地下水層。

3　龍門鄉台達陽光初級中學同樣延續底層通風的被動式設計手法。

綠建築微電影，精華現播

中國建築學會祕書長、中國建築設計研究院副總建築師 仲繼壽：

建築原理古今皆然
即是「順應自然」

中國五千年的文化很深厚，尤其建築文化上，老百姓蓋房子的目的是跟自然界抗爭，找到棲息場所，不受風雨侵擾。

他們知道，居住環境是需要維持的，至於用什麼方式來維持，便形成了今天現代建築和傳統建築的差異。

像古人過去做的瓦屋面，仔細看，構造非常複雜，它有底下的受力層、有中間的通風層、有上面的防水層，還能利用瓦的表面，自然排水。

傳統建築是用自然的方式，現在白話叫「被動式」，因為那時沒那麼多能源、沒有電，也沒有空調或採暖設施，老百姓想到了對陽光的利用和對陽光的敬畏，就是透過開窗戶、做陽光房（過去叫寢院）等方式，充分利用陽光，比如照亮屋裡，或加熱室內空氣；甚至透過水，在門前做水塘，在屋頂做水池或種樹，幫助屋子隔熱。

同樣地，開窗可以實現自然通風，或在窗外加一層簾子，就能把風擋住。

今天的建築技術非常發達，但原理還是一樣，就是怎麼利用大自然（陽光跟風）的好處，並且規避它的壞處，理念沒變，只是手法更先進了。

雖然我們現在有空調、有採暖設

施、有除濕機，甚至還有空氣清淨器，但它們都需要耗能。

不過，現在有一個不好的傾向，就是人們把「舒適」和「健康」等同了。我認為健康有兩個層面，一個是生理的，一個是心理的，當人們離開自然愈來愈遠的時候，心理的健康問題會愈來愈大。

所以，我們在傳達綠色或低碳理念時，不只是傳達傳統理念或營造技術，還要傳達人類對於自然的敬畏。也就是說，如何才能夠減少對自然的予取予求、排放更少的碳與汙染？

綠建築的核心理念應該是，無論現代技術多先進，傳統理念仍有它生存的土壤，不能或忘，如何把這兩種形式結合，應該是未來綠建築要宣導的重要關鍵。

雲南巧家縣大寨中學
台達陽光教學樓

就在蘆山地震發生不久後，雲南也遭受強烈震害，隨後台達挹注人民幣500萬元於當地的教育建設項目中，並沿用綠色永續精神，投入雲南巧家縣大寨中學裡教學綜合樓的援建，希冀提供在地師生未來更好的學習環境。

不過，由於巧家縣內地勢複雜，極為懸殊的海拔高低落差致使氣候也有顯著差異，若要給予這棟教學樓節能特質，還得多著墨在被動式設計上。

這棟教學主樓先是應用在地材料，並結合本土民宅穿斗式結構，灰瓦屋頂、白色牆面及藍灰色飾面，皆營造出簡潔明快卻又不失地方特色的建築風格。

另外，建築採用「雙層架空」的屋面，讓上層屋面所吸收的太陽輻射，能夠被兩層屋面之間的流動空氣帶走，讓頂樓室內的熱氣自然退去。

外部遮陽的部分，每層樓東南側兩間教師室的外窗上設置了百葉遮光板，結合屋簷和凸出的窗圍，以及夏至日86.4度、冬至日39.4度日照高度角的差異，使夏天有遮陽效果、冬天有陽光直射作用，能夠調節室內溫度。

至於通風，教學樓採單廊式設計，在教室的南北側都設置了相等面積的窗戶，保證穿堂風經過，可帶走熱氣與髒空氣。

從綿陽到巧家縣，台達集團相繼在四川、雲南投入三所災後重建的綠校園，反映了綠建築理念的延續。對當地學子來說，綠校園不但是平日的學習場所，更是幫助他們見證節能減碳技術，感受自然之美及時節變化的綠色場域，這都有助於培養敬畏自然的謙卑態度。

03

離災不離村
高雄那瑪夏民權國小

2009年重創南台灣的「莫拉克風災」，至今仍讓許多台灣人記憶猶新。

從8月6日到8月8日的短短48小時，莫拉克颱風降下近三千公釐的驚人雨量，在多地引發土石流，奪走六百多人性命。那時候，很多人才深刻地感受到，原來「氣候難民」（climate refugee）這個名詞，離台灣並不遙遠。

位於高雄縣（後併入高雄市）北端的那瑪夏鄉，便是當時災情最嚴重的區域之一，原本位於河床邊的民權國小舊校舍，更被掩埋在土石流下。

走過無情災變，台達決定援助那瑪夏民權國小，邀請2006年成功打造台北市立圖書館北投分館的郭英釗建築師，希望融合原民的文化智慧和節能科技，讓新校舍成為可兼顧學習和避難的環境友善空間，回應村民們「離災不離村、離村不離鄉」的渴望。

經過近兩年努力，重生後的那瑪夏民權國小在2011年底正式啓用，還給當地孩子一個安全又舒適的學習環境，堪稱台灣最具特色、參訪人潮最多的低碳校園之一。

木造圖書館就地取材

來到海拔800公尺高的民權國小，最搶眼的就是那座有著超大屋簷、造形有稜有角的木造圖書館。很多學生都笑說：「新圖書館看起來好像變形金剛，好酷！還

民權國小的木造圖書館，有著延伸向下的大屋簷，除了避免陽光直射外，還幫助雨水回收。

高雄那瑪夏民權國小

完工年份	2011年	基地面積	3萬207平方米
設計	九典聯合建築師事務所	樓地板面積	4,970平方米
節能效益	93%	師生數	140人
相關認證	台灣EEWH鑽石級綠建築、第34屆台灣建築獎佳作、第一屆高雄厝綠建築大獎、2012年香港環保建築大獎亞太區優異獎、2012年學學獎綠色公益行動組影響力獎、全台首座「淨零耗能」校園、2012年世界建築獎入圍、2012年環保建築大獎亞太區已落成建築優異獎		

有木頭的香味。」

的確，如此兼具「書香」和「樹香」的綠校園，要歸功於設計之初就堅持建材取之當地的建築團隊。

建造那瑪夏圖書館的木材，全數來自五十公里內疏伐人工林而取得的台灣柳杉，減少可觀的運輸里程。負責設計案的建築師郭英釗強調，易受極端氣候衝擊的台灣，應該多以自然建材打造建築空間，因為木頭不但具備溫潤質感，還有極佳的「固碳」效果。

回歸祖靈基地 將原民文化帶入校園

自古以來，原民智慧就是人和自然環境相處的經驗累積。那瑪夏民權國小在挑選重建基地的過程，也充滿了故事性。

傳說八八風災前夕，那瑪夏部落的長者夢到，祖靈背起竹簍離開現居地，前往山上，似乎警告族人將有災難發生，要往高處逃生。

巧合的是，經過當地民眾、地方政府，以及台達所邀請的成功大學探測團隊的多方協調，最後選址結果真的是位於較高處的民權平台。爾後，還在操場中央的礫石地中，發現了原本長眠於此的先人遺址。似乎在冥冥之中，族人也隨著祖靈的腳步，找回了學校跟社區的中心。

開始興建後，在地民眾希望將原民文化意向融入校園建築，台達便邀請藝術家明有德（漢名）操刀，從當

1、2、3　從天花板紋路、外牆壁畫，到戶外水塔，那瑪夏民權國小許多設計都融入當地原住民的文化精髓。

地最大人口比例的布農族神話故事著手，且兼容並蓄
其他各族的傳統，製作了多項藝術作品。

　　譬如位於校門口的顯眼裝置藝術，是明有德參考布
農族的神話起源──太陽，重新處理風災後散落河床
的漂流木，把手工製作的樸實原木，化為旋轉燃燒的
太陽圖騰，而太陽散發的光芒，又如觸手般撐起高科

天災來臨時，運用中庭與教室的多元空間，加上預存的再生能源與食物，那瑪夏民權國小還可化身社區避難中心。

技打造的太陽能裝置，暗喻綠能科技和神話傳說的成功融合，一起成為守護部落重生的力量。

思考建築風格時，郭英釗也考慮到原住民的文化內涵，如木造圖書館的造形發想，即來自開滿基地周圍的曼陀羅花，並以布農族的獵寮與卡那卡那富族（Kanakanavu）的男子集會所為設計概念，象徵部落傳統與知識的傳承。

教學棟則以布農家屋做設計發想，使學生如同在傳統文化中學習新知，校舍做避災使用時，則讓當地族人心裡有所依歸。

全台第一 淨零耗能校園

重生後的那瑪夏民權國小，教學樓與圖書館每平方米的年耗電量（亦稱為EUI，energy use intensity）竟然才1.03度，幾乎是全台灣最節能的校園建築。這究竟是怎麼辦到的？

首先，是順應當地氣候條件的被動式節能設計。學校海拔高度超過800公尺，建築團隊先運用環境模擬軟體，決定建築量體的配置與走向，再搭配高架樓板設置的可調式地面通風口、教學棟與圖書館的通風天窗，使得夏季能有效地將外氣導入室內，冬季則靠建物間的遮蔽作用，減少冷風撲面的狀況。

做好了通風系統，接著要處理建築的熱源。建築團隊在屋頂鋪設了極厚的隔熱岩棉，不但比國內現有的

建築外牆熱傳導係數嚴格三倍，而且幾乎與日本和德國等先進國家同級。校舍外牆更是採用內含陶質顆粒的隔熱面漆，能夠大幅反射陽光，全方位地遏止熱能入侵。

由於那瑪夏位於偏僻山區，供電不穩，在水患頻繁的汛期更為明顯。對此，民權國小利用山上日照充足的氣候特色，在屋頂與地面共裝設22峰瓩（kWp）的太陽能光電系統，自產再生能源使用。

經過統計，和同等規模校舍相比，啟用八年多的那瑪夏民權國小，每年節能效益高達93％，且太陽能整年的發電量，已超過教學樓與圖書館的電力需求，成為全台第一座達到「淨零耗能」（能源的產出量大於

使用量）的校園！

校園中庭可當避難中心

除了本身節能減碳，那瑪夏民權國小至今已累積協助上千人次避難。當有災難來臨，學校中庭可轉為避難大廳，作用如同家中客廳，而每間教室則像是房間，且校內備有食物和用水；平時與台電併聯的再生能源系統，一旦台電輸電線路中斷，仍可自給自足使用七天，若加上備用的柴油發電機，供電時間還可延長到十四天。

而校園裡除了那座顯眼的3.5噸大水塔外，下方埋設多達170噸的儲水空間，假設每人每天節省地使用50公升水，足以讓三百位村民使用十天，實現離災不離村的盼望。

學校的操場也在海鷗直升機教官的建議下，依地勢順勢整理出地坪，雖有坡度，但直升機仍可起降；既不大幅改變地貌，也方便居民如需撤離時可安全上下直升機。

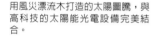
用風災漂流木打造的太陽圖騰，與高科技的太陽能光電設備完美結合。

綠建築微電影，精華現播

儲能與監控
校園綠電全天供應

　　啓用初期，那瑪夏民權國小設置了監控螢幕，呈現圖書館、教學樓、宿舍棟的即時能源變化，常吸引師生與民眾駐足觀看，回想剛才離開教室是不是有隨手關燈？

　　後來，又增設新的台達能源在線（Delta Energy Online）系統，即時顯示校內各設備及迴路的用電負載情形，便於診斷耗能原因，並透過監視介面和雲端資訊進行用電管理。

　　「能源可視化」的確有助節能，2012年學校啓用沒多久，發現宿舍每到晚上用電量便飆高。原來是因為山上夜晚降溫快，老師們回到宿舍後，第一件事就是打開暖爐。事實上，當初建築設計已考慮到這點，只要白天打開宿舍的木窗，讓陽光直射蓄熱，下班後再關窗戶，牆體就會慢慢釋放熱能，為宿舍保溫。經過一番溝通後，讓老師們養

移動式太陽能發電車不但可做為戶外電源，還可讓孩子們了解再生能源的魔力。

成開窗、關窗的習慣，就減少了開暖爐的頻率。

校內還有一套儲能系統，原本只夠存5度電，2018年在台達基金會的支持下，換成一個能存取40度電的機櫃，再搭配新引進的功率調節系統（power conditioning system）和新版台達能源在線監控，讓陽光充裕時，學校會優先使用太陽能板種出來的電，多餘的綠電則直接存到儲能系統裡，供應學校晚上的基本用電。

災害來臨時，當系統自動偵測到市電供應被阻斷，便會切換至「避災」模式，先啟動不斷電系統（UPS），再從儲能系統裡取電，直到兩者電力相繼用盡，才會打開柴油發電機，供電給學校的緊急用電迴路。

不得不說，這一番系統的更新，智慧地調配再生能源發電狀況及使用，無論是天氣晴還是災難時，學校都能靠著綠電自給自足。

每年台達召集企業志工上山，教孩子刷洗太陽能板。

04

現代諾亞方舟
成功大學孫運璿
綠建築研究大樓

位於成大醫院旁的成大力行校區，緊臨小東路有棟造形搶眼的「孫運璿綠建築研究大樓」，不但是台灣第一棟零碳建築，也是至今在國際上最知名的台灣綠建築代表作之一。

全世界最綠的綠建築

　　親手設計這棟綠建築的成功大學建築系教授林憲德，喜歡稱孫運璿綠建築研究大樓為「綠色魔法學校」，因為裡頭不但有多種環保材料與節能技術，更大量運用校園的學術研發能量（合計動員4名教授及12名碩博士生），形容這就像是由一群愛地球的傻瓜兵團，集眾人之力拼湊而成的「諾亞方舟」。

　　該大樓在設計初期，原預估可以節能65%，結果陸陸續續不但達到節能70%（相較低層辦公建築）的成果，每平方米年耗電量（EUI）僅29.5度左右。更難能可貴的是，這棟建築每坪8.7萬元的平實造價，是尋常老百姓都負擔得起的平價綠建築，證明綠建築絕非有錢人才能蓋的豪宅。

　　落成數年來，每年吸引超過數萬人次參訪，更一路獲頒內政部最高的鑽石級綠建築標章、美國綠建築協會LEED的白金級標章，也是亞洲第一個取得LEED白金級標章的教育大樓。

　　無怪乎，有「綠建築教父」封號的尤戴爾松（Jerry Yudelson），曾在英國《衛報》（*Guardian*）發表評

成功大學 孫運璿綠建築研究大樓	
完工年份	2011年
設計	林憲德
節能效益	82%（相較低層辦公建築）
樓地板面積	4,800平方米
相關認證	台灣EEWH鑽石級綠建築、美國LEED白金級綠建築、2011年世界立體綠化零碳建築傑出設計獎，被收錄於2013年英國羅德里奇（Routledge）出版社出版的《世界最綠的建築》

科技促進中興
缺憾還諸天地

Boost The Nation With Science
Leave The Regrets To The Mother Nature

孫運璿
Yun - Suan Sun
1913~2006

論，讚揚孫運璿綠建築研究大樓是全世界最綠的綠建築！

從大樓的外觀來看，遠遠地就會被那隻屋頂上的紅色瓢蟲吸引，因為它剛好攀附在葉片狀的太陽能光電系統上，常有路人經過被這幅景象吸引，抬頭仰望半天，甚至拍起照來。

林憲德解釋，將太陽能光電系統設計成葉子造形，是因為葉子吸收太陽能後，可達到接近百分之百的能量轉換效益，反觀今日太陽能光電系統的轉換效益，還不到25%，提醒人類在追求節能科技的同時，更應謙卑地了解大自然的生存智慧和運作定律，珍惜資源的使用。

目前這座總容量17.6峰瓩（kWp）的太陽能光電系統，全年發電量超過兩萬度，約可供應該建築1／7的用電。為追求最多日照，建築南端設有船頭樣貌的光電系統角度控制台，透過舵型轉盤隨季節變換屋頂太陽能光電系統的角度。

海綿城市設計化解極端降雨威脅

若不特別介紹，很少人會注意到校外的平坦車道，是用回收塑膠製成的透水鋪面。

這種特殊的JW工法透水鋪面，由台灣本土研製，利用豎立的塑膠管格框，再加上水泥強化，不僅具備載重能力，還有絕佳的通風與透水效果，讓路面宛如海

綿般，一方面能在雨天時快速吸納降水，另一方面則
可於晴天時清淨空氣汙染物，就連鋪面下方的土壤生
態都能維持健康。

　　如此一來，城市中不得不施作鋪面的人行道、廣場
與停車場，得以讓雨水滲透，延遲雨水進入下水道的

時間，減少市區淹水風險，提高面對未來極端氣候情況的韌性。

這棟大樓另設有雨水回收系統，可將雨水蒐集到東面與樓梯共構的超大紅色雨撲滿，做為澆灌、洗滌與沖廁用水；門外的生態水池，除了吸納生活排水與雨水，同時也提供昆蟲、兩棲類、水生植物等生物做為棲地。上述兩者都可在雨季貯留大量雨水，減少水資源浪費。

至於北側保留的0.7公頃樹林，復育了多層次植栽，且盡量保持原有自然樣貌，不做任何鋪面，僅以架高的木棧道做為和建物間的通道。

當初為了讓建築基地上的老金龜樹能獲得足夠的伸展空間，設計團隊將大樓往後退縮，讓搖曳的樹影呼應波浪狀的建築立面，風起時，位於門口的金龜樹落葉，常伴隨自然氣息一起吹入室內。連同屋頂上的階梯花園，這些環繞在建築四周的綠帶，都能有效降低都市熱島效應。

高達三層樓的雨撲滿，蒐集珍貴雨水用於澆灌庭園。

戴上遮陽帽的建築

而獨樹一格的綠屋頂，由林憲德教授不斷進行實驗與改進，2011年亦獲得「世界立體綠化零碳建築傑出設計獎」。經實驗證實，綠色魔法學校的屋頂花園可讓表面溫度變動維持在3度以內。

在南台灣的盛夏時分，強烈太陽照射下的屋頂表

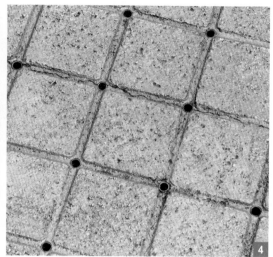

面,溫度經常飆破70度,但透過綠屋頂的冷卻,室內頂層樓板表面溫度維持在32度以下,減少了非常可觀的空調耗能。

在炎熱高溫的南台灣,如何幫建築「防曬」是門大學問。

對此,綠色魔法學校於頂層設計了一個大屋頂,做為整棟建物的遮簷,讓屋面擁有深邃的遮陽面積。從外面看,就好像幫建築戴上一頂遮陽帽,擋掉大量的直接日曬和陽光熱度。

其次,也透過設計手法,在訪客經常停留的公共區域,以自然採光做為主要光源。而一般習慣配置在走廊轉角深處的廁所,則改在外側轉角,並以毛玻璃磚和空心磚做為外牆,增加廁所的透光性和自然通風;

1 　綠色魔法學校在建造時,為保留基地上的一棵百年金龜樹,整體建築基地退縮,讓建築與自然共生息。

2、3 該棟建築設置許多綠帶及親水空間,一方面實踐「海綿城市」願景,二來也減緩都市熱島效應。

4 　大樓前的車行道路採用JW生態工法,除了能透水、增加基地保水外,密集的通風管因日曬產生的氣壓差,讓氣流循環,也達到淨化空氣的效果。

地下一樓的停車場也設置採光天井，減少開燈頻率。比較需要照明的樓梯，乾脆直接配置在建築物外側，大量引進外部光線。

「灶窯」原理打造舒適會議廳

在綠色魔法學校眾多空間配置與不同功能的場館中，最有特色的要算位於二樓、可容納三百人的會議廳。走進這裡，即便沒有任何專業背景的人，也能深刻感受何謂「浮力通風」原理。

過去，家家戶戶幾乎都有一個灶窯，是古時候燃燒效率最好的烹飪設備，通常由磚泥塑成的保溫灶台和一根長長的煙囪所構成，讓氧氣由底部的薪柴入口進去，廢氣由煙囪頂部排出，可說是風土建築的典型節能設計。

大樓運用這種傳統建築的節能智慧，一口氣設計了三個浮力通風塔，一座位於中庭上方，讓室內直接與外氣相通，另一座位於一樓牆面，最後一座就在會議廳內，讓偌大的會議廳，每年可因此減少五個月的空調使用時間。事實證明，只要加上一些科技的幫助，傳統灶窯的通風概念在現代依舊管用。

不過，在地處亞熱帶氣候的台灣，即使在冬天，想讓一個坐滿三百人的大會議廳不開空調，仍是一項大挑戰。

為加強通風效果，會議廳前方主席台後，挖了一排

活用古代「灶窯原理」，使偌大的會議廳每年減少五個月空調用電。

開口引進涼風，座位區最高處的牆面，也做了一個壁
爐式煙囪，替整個會議廳創造出一個由低向高的流
場，讓風可以暢行無阻地橫掃逾三百人的觀眾席。

為加強浮力，煙囪南面還開了一個透明玻璃窗，並
將煙囪漆成黑色，藉此吸收玻璃帶來的太陽輻射熱

能，形成有如灶窯燃燒的層流風場。

　　研究團隊現場實測發現，每年的11月到3月，會議廳在不開空調的狀況下，內部風速可維持在每秒0.1～0.6公尺的舒適度，新鮮外氣換氣次數也有五到八次，不用耗能就有舒適的通風環境。

摺板狀天花板打造極佳光線與音響反射

　　當然，綠建築不只考慮節能減碳，也要兼顧場館的使用需求。

　　做為演講和表演用途的會議廳，燈具用的是體育場常見的陶瓷複金屬燈，讓色彩真實而鮮豔，上頭反光罩則可降低發熱量。

　　此類大功率的燈一般很少用在室內，但會議廳巧妙地將其配置於兩邊側牆，讓燈光先投射於天花板，通過設計手法創造多次投射，最後平均地分布於觀眾席，不會產生刺眼的眩光。

　　同理，摺板狀的波浪天花板也能強化音樂演奏的效果。進風室四周還釘上玻璃綿，並在入口處裝設消音箱，隔絕外面來的噪音干擾，避免突如其來的喇叭聲響，跟著外界氣流一起進入會議廳。

　　有一次林憲德教授還邀請鄭崇華站到台上，完全沒用麥克風就對台下講話，結果因為天花板優異的音響反射效果，即使坐在演講廳後端，都可以聽到鄭崇華在說什麼。

誠如林憲德教授所說，這棟建築不只定位為綠建築的示範場域，更是一個環保教育的體驗中心。從仿效諾亞方舟的船體外觀，到內部裝潢藝術展現的生物情境，他希望除了專業人士，每個來此參觀的小朋友、家庭主婦或社會人士，都能深刻體認此刻地球所承受的危機，開始關注生態問題。

綠建築微電影，精華現播

100%本土綠建材
降低運輸排碳

據調查，在台灣本土生產的水泥、玻璃、木材等建材，要送到使用者手中，平均需經過52.7公里、74.1公里、122.9公里的運輸距離。

假使採用外國進口建材，運輸過程的溫室氣體排放量，因飄洋過海將增加數百倍，因此綠色魔法學校的建造過程，盡可能做到百分百使用在地供應的建材。

除考量運輸的碳排量，綠色魔法學校還大量使用由廢棄物回收再製的環保材料，從水庫淤泥燒製的陶粒、不使用鹵性塑膠的電線材料、回收尼龍的環保地毯、回收寶特瓶抽紗製成的窗簾等，廣泛集結了34種產自台灣、價值約2,000萬元的綠色建材，使綠色魔法學校猶如台灣環保廠商的示範建築，更是一本環境教育的活教材。

屋頂花園採用水庫淤泥燒製的陶粒，具有很高的吸水性，可減少澆水的次數。

05

座落南科的小白宮
成功大學台達大樓

除了成功大學孫運璿綠建築研究大樓，台達還有一棟綠建築跟成功大學結緣，那就是位於南部科學園區的成功大學南科研發中心（又稱「台達大樓」）。

這棟綠建築當初獲得認證時，內政部的EEWH綠建築認證甚至連分級標準都還沒發展出來。

啟用多年來，四層樓的成大台達大樓可容納逾兩百名研究人員，目前集結產學合作研究團隊、熱帶植物科學研究所，還有提供民間廠商進駐的成大研發中心等不同單位。

整棟大樓外觀以白色為基調，藉此反射太陽輻射，並配合環保塗料將外牆熱能降溫。館內同樣以白色為主視覺，將自然光線均勻導入室內。

屋頂隔柵遮陽與地下導風廊道 展現巧思

除了外牆隔熱，成大台達大樓的屋頂遮陽設計，也不同於一般建築。

在南向的屋頂上是一大片由鋼構組成的白色隔柵，無論陽光從哪個角度進來，隔柵都能產生陰影，降低建築頂層的吸熱程度。此外，隔柵也與空調系統的室外機結合，減少陽光直接照射空調箱的機會，減少其運轉時的能源消耗。許多窗戶同樣也利用隔柵，降低陽光直射的熱能。

成大台達大樓外面有片生態池，可提供降溫與導風的效果。建築團隊原先打算沿著生態池設計的深遮簷

成功大學南科研發中心

完工年份	2010年
設計	曾永信建築師事務所
樓地板面積	9,518平方米
節能效益	節能43％（相較低層辦公建築）
相關認證	台灣EEWH綠建築認證合格級綠建築

走廊，歷經幾次風雨侵襲之後，決定另做新窗戶，與之略為隔絕，算是針對當地微氣候做出的調整。

當地師生和上班族平日進出南部科學園區，多半仰賴私人車輛，因此成大台達大樓的地下停車場，即設計大面積的導風廊道，增加自然採光和通風效果，減少開啟通風與照明設備使用的時間。

兼具樹木成長的遮陽結構

除了室內停車場有巧思，戶外停車場也運用樹蔭，製作專屬的遮陽結構，方便車主移車時少開冷氣，而且每個結構都預留了一平方米，做為樹木未來的成長空間。

如果遇到驟雨，雨水常沿著孔道直接落在車上，因此戶外停車場的遮陽設計，常被同仁們戲稱為「洗車孔」。

即使是早期的綠建築設計，透過外牆反射、隔柵結構遮陽、地下停車場的採光與通風，以及生態池的協助降溫，成大台達大樓每年可比同類型的低層辦公建築節能達13%。

1 成大台達大樓外面的圓形生態池，是幫助建築降溫的最佳媒介。

2 戶外停車場的白色遮陽結構，堪稱一大設計巧思。

綠建築微電影，精華現播

06

有風的建築
清華大學台達館

來到景致秀麗的新竹清華大學，錯落的湖畔和樹蔭景象，是這所學校和其他理工學院最大的不同，不僅讓校園洋溢自然氣息，也紓解了悶熱暑氣。

前往清大「台達館」的路上，你會先被門前的昆明湖吸引。

這座湖取名自清華大學在抗戰時期的西南聯大校史，不但讓師生有親近自然水景的綠色廊道，也讓校園多了一種彷如《未央歌》書中的懷舊氣氛。

2011年底落成的清大台達館，在原本的清華紅樓舊址重建，目前由電資學院、材料系、奈微所等單位共同使用，台達線上學習平台DeltaMOOCx，在這裡也有專案辦公室。

清華大學台達館	
完工年份	2011年
設計	許崇堯建築師事務所
基地面積	2,853平方米
樓地板面積	2萬9,185平方米
節能效益	節能6%（相較一般大學建築）
相關認證	台灣EEWH銅級綠建築、清大第一棟獲得綠建築標章之大樓

回字形建體帶走熱空氣

人們常形容，清大台達館是座「有風的建築」。在新竹，有風似乎理所當然，然而，如何把自然涼風導入室內、協助降低能耗？這才是學問。

許多現代化的大樓就像水泥盒子，常把風隔在牆外，反而把熱氣鎖在鋼筋水泥裡，熱氣出不去，只好開空調降溫。

因此每到夏天，大家總習慣在門窗緊閉的大樓裡猛開冷氣，可是空調得用電力驅動，而台灣的發電多來自燃燒化石燃料，產生大量的溫室氣體，加劇氣候變遷，形成惡性循環。

　　為善用當地充沛的風力，如何打造一條讓風順暢行走的道路，成為清大台達館的首要考量。

　　對此，清大台達館建體設計為回字形，讓教室和辦公空間環繞在四周，把場館中央留給偌大的中庭，獲得彷如煙囪的通風效果。

　　正午時分陽光直射時，透過熱浮力原理，四周冷空氣會迅速吸進中庭，讓風沿著頂端帶走熱空氣，有時上竄氣流之強勁，就連學生手上捧的紙本作業都會被吹走。

　　門外的昆明湖也有作用，水池雖然不大，但搭配湖旁十餘米的樹林，變成一片極佳的降溫廊道，能夠引

領涼風灌進建築裡。而爲了不阻擋風勢，館內走廊設計得既寬且深，讓來自昆明湖的涼爽徐風，可在館內通行無阻。

通風之餘，清大台達館的地下室與停車場也充分利用導光設計，一方面增加自然光源，也利用風道排出熱氣，不必開啓耗電的大型抽風扇。

破除新竹不適合太陽能發電的迷思

此外，大樓本身有七成建材屬於再生材質，頂樓的太陽能光電系統還能提供額外電力，且啓用至今運作良好，破除了台中以北不適合太陽能發電的迷思。

按照同樣面積換算，比起同類型大樓，清大台達館每月可節省約60萬元的電費支出，不僅達到節能減碳的目的，也幫校方減少能源開銷，可謂一舉兩得。

1　屋頂上的太陽能光電系統至今運作良好，破除了台中以北不適合太陽能發電的迷思。

2　館外的昆明湖與樹林，讓新竹的風增添了怡人的涼意。

綠建築微電影，精華現播

07

湖景涼風迎面來
中央大學
國鼎光電大樓

位於中壢的中央大學，全校第一棟綠建築「國鼎光電大樓」，也由台達捐建，這棟綠建築特地以前資政、同時也是前中央大學校友李國鼎（1910～2001年）命名，對該校師生極富意義。

跟其他綠建築相比，座落在中大湖畔的國鼎光電大樓，擁有令人稱羨的大面積戶外水景，且湖面足足有建築面積的四倍大，可創造絕佳的通風與降溫效果。

跟清大台達館如出一轍，國鼎光電大樓的建體設計為回字形，藉此創造大面積的挑高中庭，可正面迎接來自中大湖畔的清爽涼風，視覺上則呈現清水模的灰色基調。

僅有五層樓的國鼎光電大樓，透過刻意加寬的「友

中央大學國鼎光電大樓

完工年份	2011年
設計	吳瑞榮建築師事務所
空間量體	1萬1,801平方米
節能效益	69%（相較一般大學建築）
相關認證	台灣EEWH銅級綠建築、中央大學第一棟獲得綠建築標章之大樓

外露式的維修管線，幫助國鼎光電大樓降低日後的維修難度。

善樓梯」，鼓勵師生們多利用樓梯上下樓，電梯則被隱藏在建築角落。

設計深遮簷 減少陽光直射走廊

此外，這裡同樣看得到台達慣用的深遮簷設計，並透過向後退縮的走廊，讓教室減少被陽光直射的機會，進而降低空調使用率。

國鼎光電大樓啟用後，陸續進駐了光電系所的實驗室及許多設備，使整棟大樓耗電量逐步增加，有段時間還超過台灣一般建築每平方米的能耗平均值。目前，校方持續與台達基金會合作，希望能找出更多節能方法，方才不辜負綠建築的美名。

當初會以李國鼎為名捐贈教學實驗大樓給中央大學，鄭崇華即是希望學子們能追隨李資政的腳步，為台灣擘劃更光明的未來。

綠建築微電影，精華現播

Chapter 2

培育、競賽
找出綠人才

默默累積了許多綠建築經驗後，台達逐漸發現，這些寶貴的環保知識與節能理念，有必要繼續傳達給社會各界，像漣漪般向外擴散。

這幾年，台達把綠建築當成展示平台與創作題材，透過志工導覽、設計競賽、國際比賽、專業訓練等不同的宣導模式，依序接觸到對環保有興趣的社會人士、青年學子、設計院校，甚至專業建築師等不同族群，讓大家了解綠建築的設計概念與環保效益，並逐漸參與其中。

老實說，這樣的推廣工作，對一家以B2B（企業對企業）業務為主的企業來說，非常不容易。尤其，台達既非環保團體，也不是房地產開發商，如何對社會大眾解釋綠建築的好處和必要性，甚至負起培育綠領人才的責任？要不是強烈的使命感，絕大多數企業是做不到的。

01

打開大門
邀員工化身說書人

約三十年前，當台達集團逐漸站穩腳步並具規模，為了回饋社會，台達電子文教基金會成立了。

這個基金會最大特色是，從成立一開始，即有計劃地推動能源教育，從美國引進「全校式經營能源教育」（K-12 Energy Education Program，簡稱KEEP）宣導教材，並自2008年起培訓企業志工，走入校園，推廣節能。

而在台達一棟棟綠建築完成後，以往那些只存在於書本或影片上的節能概念，說服效果也變強了。當2006年台達第一棟綠建築「台達台南廠」啟用後，台達就對外敞開大門，把綠色廠辦當成對外展示的空間，也讓每天在裡面工作的員工化身導覽志工。

來到台達台南廠，這裡許多員工除了名片上的工作職稱，還有一個「綠色說書人」的身分，除了正職外，人人還可為參觀綠建築的普羅大眾，現場說上一段關於綠建築的真實故事。

每到展覽或綠建築開放參觀日，穿著藍色背心的台達員工，化身為向大眾解釋綠建築的綠色說書人。

解說時同步示範設計

每次有小學生到台南廠進行校外教學，儘管參訪人次動輒破百，過程長達兩小時，但都能由駐廠的綠色志工群完美包辦，並創造有趣的互動效果。

例如，在中庭大廳向孩子們解釋屋頂通風的原理時，負責操作的志工會分秒不差地讓通風塔扇葉如羽翼般開闔；到了台南廠二期的船型會議廳外側，有如

太空船入口打開的通風進氣口，總讓許多小朋友有如看到魔術表演般的驚喜。

曾有帶隊參觀的小學老師稱許，「在課本上看到台南廠的綠能設計，是非常漂亮的圖片，但親眼所見，才知道這些設計都有節能作用。」

除了導覽熟悉的綠色廠辦，肩負政府環境教育示範基地的成功大學孫運璿綠建築研究大樓，由於參訪人潮絡繹不絕，2013年組織導覽志工隊時，許多台達員

工自告奮勇加入，利用假日擔任解說志工。

　　這裡常是許多民眾第一次接觸綠建築的地方，年齡從幼稚園到銀髮族都有，更需要說故事的技巧，以及生活化的分享與溝通能力，訓練台達志工們培養出更親切的講解方式。

　　比方，有位原本一句閩南語都不會講的台達志工，

台達在中國大陸各地,累積訓練超過數百位能源教育志願者,舉辦能源教育活動上百場,千位學生受益。

最後成了國台語都很溜的雙聲帶。也有人發現,用古時候廚房裡的灶窯比喻,就能馬上讓長者意會綠建築常用的浮力通風技術。「原來這就是我小時候常看見的灶喔!」不少銀髮族常恍然大悟地說。

其實一開始,導覽綠建築的解說任務,多委託熟悉節能設備運作原理的資深廠務或公關人員,但在志工熱潮與服務口碑慢慢傳開後,拓展到只要有興趣、不分單位,每位員工都能參加。

透過對外解說的志工機制,創造出良好的宣導效果,台達赫然發現,原來綠建築不是蓋完就好,更要大聲對外分享節能經驗,才能普及進而形成風氣。

台達志工制度 走向國際化

不只台灣,台達同時也把志工制度帶到台灣以外的廠區。

2013年,台達在中國大陸推出「台達愛地球──能源教育志願者服務專案」,號召員工走入校園,向下一代傳達節能知識與環保理念。

活動從上海的浦東新區龔路中心小學起跑,吸引上百名中國大陸員工響應。為灌輸志工們良好的背景知識,台達先後邀請台灣荒野保護協會、政治大學與中國大陸國家住宅工程中心等專家擔任師資,講授綠建築課程。

之後,還舉辦四堂能源課程與一場戶外教學,邀請

志工們參觀擁有美國LEED綠建築白金級標章的台達上海運營中心暨研發大樓，實地見證最新的環保做法、節能設備及智慧管理系統。

隔年，能源教育志願者服務專案的腳步拓展到吳江和成都，相繼與吳江的天河小學及綿陽的楊家鎮台達陽光小學合作。之後再延伸至湖南郴州的柿竹園小學、廣東東莞的石碣文暉學校及安徽蕪湖的鳳凰城小學，各廠區建立自己的志工服務體系，並開發因地制宜的教案內容。

泰達廠區培訓能源種子講師

台達能源教育的腳步，也不僅限於華文地區。泰國是台達最早在海外設廠的國家，多年經營下來台達泰達廠有一批素質相當高的同仁，同樣關心氣候變遷與綠建築等相關議題。

2016年泰國潑水節一度傳出限水消息的同時，泰達廠區五、六十位員工亦開始能源種子講師的培訓，他們頂著四十多度高溫，為附近缺乏教學資源的小學進行能源教育課程。

同一時間，人力資源部門也開展「開放參觀日」（Open House）活動，讓七所學校的孩子們到廠區親身體驗節能綠科技和3D環境影片，課程設計中更將孩子的環保畫作進一步製作成廠區的環保袋，激發孩子做綠設計的創意；廠區完善的節水和回收水措施更讓

這幾年，台達開始把志工制度帶向海外，圖為台達泰達廠舉辦的校園能源教育活動。

孩子親眼見識到如何保護、珍惜水資源，點滴教育都是要讓孩子盡早調適氣候變遷帶來的衝擊。

不論在中國大陸或泰國，現在均是使用由基金會所開發的「台達能源教材」（Delta Energy Education Program, DEEP），再交由兩地的志工就當地情形進行改寫，力求貼近當地需求；同時改寫教材也將反饋交流，如此跨國的想法激盪，也成為基金會人員翻新每年教材的靈感養分。

台達的綠建築志工制度，除提升員工對企業的認同與榮譽感外，甚至激發了額外的工作動力。平時散落在不同事業部門、擁有不同專長的志工們，竟會為了

同一件服務專案集結起來，合力做出貢獻與創意。

例如，台達參加2013年台灣燈會展出的「台達永續之環」，事後建材不但100％回收再利用，當時也有不少志工主動獻策，紛紛在廠區蒐集廢料和零件，帶著工具箱參與建材再利用工程，陸續衍生出紙沙發、節能小屋等許多再生用品，從普通上班族搖身一變爲「綠領工匠」。

綠建築不只強調設計與科技，更希望創造人與自然互動的友善空間。

到台達各地的綠建築參觀時，常會看見穿著藍色背心的台達志工，捲起袖子擦拭建物的灰塵、幫忙清洗牆面，甚至在大雨過後，穿著青蛙衣踏入生態池清理長得過多的強勢物種，負起綠色園地的維護工作。

綠屋頂上的開心農場

甚至於，志工們還會貢獻創意，想辦法幫綠建築變得更綠一點。

比方，台南廠二期啓用後，志工群便討論二樓戶外露台的植栽種類，以每個人花兩小時的接力模式，一起創造了台達所有廠區裡，第一個由員工自發參與的綠屋頂改造案例。把原本只有單一物種覆蓋的制式草坪，改造爲充滿層次景觀、容易親近、往後也便於維護的空中花園。

現在，天氣好的時候，不少員工休憩之餘會走到戶

外，撫摸綠屋頂上的小小多肉植物、撿拾貪吃的蝸牛，成為員工們的「開心農場」！

台達一年提供五天的志工假給員工，基金會則會集中訓練志工兩天、安排參訪綠建築，並陪同初次上課的志工進班面對學生。台達能源與綠建築志工團體成立至今，整體留任率大約七成，也有員工退休或離職後，仍持續投入協助台達志工的培訓工作，彼此的情誼不減。

隨著台灣以外的廠區陸續成立志工團體，包括中國大陸、泰國等地的志工組長，也都會回基金會接受新教材的訓練。基金會現正投入線上數位教材的開發，讓未來的志工訓練，不再有國界的限制。

02

推動綠領工作坊
建築碳足跡認證

推廣綠建築這麼久，台達時常被挑戰，蓋了這麼多綠建築，究竟有多少人受到啓發？會不會淪爲紙上談兵？能否影響專業的建築從業者？

的確，觀察綠建築風潮的演變過程，建築師無疑居於最關鍵的核心地位。有鑑於此，台達從2009年起自發性地舉辦了「綠領建築師培訓工作坊」，找了業界最頂尖的綠建築設計者，爲建築師與室內設計師上課，至今已有十一年。

此外，台達還攜手中央氣象局、財團法人台灣建築中心等單位，共同創建「Green BIM建築微氣候資料平台」，讓建築師能夠掌握基地的環境特色，並順應當地氣候條件，設計被動式手法，從源頭減少建築日後的能源消耗量和碳足跡。

當然，台達了解除了要有對的人，也需要有更適合本土的工具，因此與成功大學林憲德教授合作，共同開發「建築碳足跡」資料庫，讓建築師們在構思綠建築時能有所依據，強化建築的能源使用規劃，也帶起一套由下到上建築認證制度。

師法德國培訓「綠領建築師」

早在2006年，當台達集團創辦人鄭崇華到德國參訪綠建築時，他曾造訪德國西北部魯爾區的蒙特賽爾學院，見證德國綠建築的培訓與實作制度。

當時鄭崇華看到，德國訓練人員拿著看起來像是破

台達基金會與台灣綠領協會發起「綠領建築師培訓工作坊」的民間訓練機制，理論與實務並重。

布的材質，沾上一層黏著劑後，直接塞進牆壁之中，就有一定的保溫效果。當時鄭崇華心想，如果這套訓練機制能帶回台灣，教導更多懂得建築節能技術的建築師與工班人員，該有多好？

經過一段時間的醞釀，台達基金會與台灣綠領協會在2009年共同發起綠領建築師培訓工作坊的民間訓練機制，邀集國內相關領域的專家擔任講師，理論與實

台達基金會與合作單位創設Green BIM建築微氣候資料平台,轉化符合建築資訊模型使用的氣象參數,以協助建築師打造更節能的建築。

務並重,堪稱台灣民間第一門為綠建築量身打造的專業課程,至今培育超過四百位建築從業人員,除了建築師、設計師,也有房地產業者跟建商。

2012年,綠領建築師培訓工作坊課程內容也通過美國綠建築協會(USGBC)審核的LEED持續教育訓練認證時數(CE Hours),成為台灣第一個被認可並以華文授課的綠建築學分。

2018年,因應一般民眾對於動手DIY居家節能改造的強烈需求,工作坊特別開設「居家綠裝修」課程,從如何挑選綠建材、規劃設計到施工驗收過程,讓學員第一次改造就輕鬆上手。

長期以來台達創辦人鄭崇華秉信，倘若每位建築師一開始就能考慮環境衝擊跟能源消耗，所有的建築早就應該是綠建築。

　　但要讓建築師在設計階段之初，就能精準判斷採用哪一種節能的被動式設計，這還需要一股助力：精準的氣候資訊。

Green BIM建築微氣候資訊平台

　　於是從2017年開始，基金會與專業機構，委由台灣大學大氣系陳泰然教授團隊開發「Green BIM建築微氣候資料庫」，供建築師免費使用。

　　所謂BIM，即是近年被全球建築工程界廣泛應用

建築生命週期排碳占比

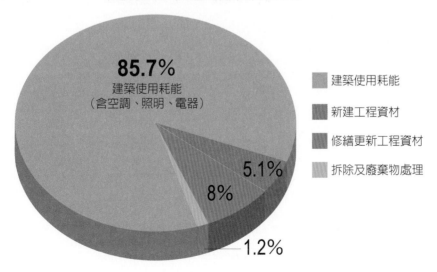

- 建築使用耗能
- 新建工程資材
- 修繕更新工程資材
- 拆除及廢棄物處理

85.7%
建築使用耗能
（含空調、照明、電器）

5.1%

8%

1.2%

資料來源：《建築碳足跡──評估理論篇》，林憲德著，2014年

的「Building Information Modeling」（建築資訊模型），提供從業人員由設計、施工、營建，乃至後續維護管理需要的建築大數據和量化分析系統，不僅方便使用者提前體驗空間樣貌，還能在實際動工前推測建物的實際性能和環保績效，減少建造過程可能發生的設計錯誤和資源浪費。

　　如此模型再結合氣候資料庫裡的日照、風速、溫度、濕度、雨量等歷史資料，更有利於建築師打造節能減碳且兼具居住舒適度的環保綠建築。

從座向方位、空間規劃、開口率、外殼構造和材料選擇、屋頂和外遮陽的形式、空調和冷卻系統的設計、光源導引和氣流路徑，甚至是否該裝設太陽能和風力發電等自主能源，一棟建築可以從Green BIM上，隨著氣候的演變，找出最因地制宜的節能手法與防災之道。

至今，團隊已完成涵蓋台灣主要都會區至少26個測站，往後將持續朝向發展更小尺度的地理網格、連結即時預報資訊的目標前進，提供建築師更精確、實用的微氣候資訊。

建築碳足跡認證系統

即使建築師都已具有綠色設計的概念，但如果市場或認證工具都不成熟，距離要在社會上普及綠建築概念，則仍有一大段落差。因此，輔以適當的認證制度和量測體系，才是讓建築大幅減碳的關鍵。

1999年引領制定台灣綠建築評估系統（EEWH）的林憲德教授，就常思考如何加速建築物的節能減碳腳步。他近年疾呼台灣應進一步統一評估單位，徹底盤查建築物在建造、使用直到拆除或改建過程的「生命週期」碳排放量。

林憲德的理念與鄭崇華十分相近，因此在「孫運璿綠建築研究大樓」落成後，台達基金會與成功大學聯合其他民間組織與學者，合作籌組了「低碳建築聯

林憲德與台達積極推動建築碳足跡認證、授課訓練綠領人才，希望加速建築物的節能減碳腳步。

盟」（Low Carbon Building Alliance），建立「建築碳足
跡認證制度」，讓各界開始認識建築碳足跡。

開發相應軟體提升節能成效

一棟建築物平均約六十年的生命週期，不論是何種
類型建築，大概都以「使用階段的日常耗能」為最大
宗的碳足跡，且比重超過六成到九成。其中，空調、照
明、電器，更是高居前三名的碳排放元兇！

低碳建築聯盟已開發出的「建築碳足跡評估軟體
LCBA-Delta」，至2019年已協助數十棟建築計算碳足
跡，平均可為建築物未來六十年減碳10%～35%，並
發揮47 %～77 %的節能成效。

低碳建築聯盟除發表一系列研究和認證方法，經過
這幾年的推動，目前建築碳足跡評估制度已拓展至住
宅、廠房等領域，也已獲環保署碳足跡產品類別規則
文件（PCR）採認，是全球第三個經官方認證的建築碳
足跡系統，僅次於歐盟與日本之後。

新北市立圖書館新總館

台灣首件獲得鑽石級建築碳足跡認證的建物，是2015年落成的新北市立圖書館新總館。

這棟24小時營業的圖書館，屬於空調及電器耗能極高的行政辦公大樓類型，建築在使用階段的耗能即占47%，其次才是新建工程階段的21.2%。

為降低碳足跡，圖書館運用了浮力通風、高效照明、複層低輻射玻璃、省水設備等減碳器材，讓它每平方米的能耗量跟一般住宅相去不遠，減碳成效高達35.34%。

不過，通過認證只是開始，在往後使用的六十年間，仍有許多可進一步節能減碳的空間。

03

募集設計
台達盃國際太陽能
建築設計競賽

2015 台达杯
国际太阳能建筑设计竞赛
作品展

淘汰

Chapter 2　培育、競賽 找出綠人才　113

綠領建築師工作坊的培訓對象，多半是已經出社會的專業工作者，或是對綠建築有興趣的業餘人士。但台達還想更進一步從教育制度上著手，讓學生在校園裡就能夠接觸到綠建築的知識，甚至提供他們實作的機會。

幾乎與啟動集團綠建築打造工程同一時間，自2006年起，台達開始冠名贊助「台達盃國際太陽能建築設計競賽」，這項每兩年舉辦一次的跨國競賽，向各國人才廣徵如何將潔淨能源應用到綠建築與現實生活的好點子。

設計藍圖要能落實

比起其他的競賽，台達盃更強調將設計的概念落實出來。

自2009年起，獲獎及相關作品都有實地建設的計畫，目前已有五件作品完成啟用或正建造中，包括：四川楊家鎮的台達陽光小學（2011年落成）、龍門鄉的台達陽光初級中學（2015年落成）、農牧民定居青海低能耗住房計畫（2017年落成）、江蘇吳江市的中達低碳示範住宅（2019年落成）、雲南巧家縣大寨中學台達陽光教學樓（2019年落成）。

誠如台達創辦人鄭崇華所說，台達盃不光是紙上談兵，獲獎作品的設計藍圖，都可能變為真正可居住、可觀摩、可檢驗的實體建築。

主辦 原中國可再生能源學會理事長 石定寰：

培育年輕人才 打造綠色未來

台達盃國際太陽能建築設計競賽走過十幾載，影響力不斷擴大，逐步成為新能源應用服務、獲獎作品實踐、創新人才培養和低碳理念傳播的綜合平台。

台達盃對於中國太陽能建築的發展，發揮了先導性、示範性作用，影響並培養了一批又一批的年輕設計師，在「綠色化」成為國家發展策略的大背景下，太陽能建築將有更廣闊的市場。

這項大賽也見證了中國可再生能源發展的十幾年。

十幾年前（2005年），中國剛開始實施《可再生能源法》，在法律支持下，推動可再生能源的發展。特別在應用領域和建築領域，透過

這樣一個設計大賽，讓人們增加對太陽能建築未來發展的共識；也藉由示範工程，讓很多年輕人與設計工作者、土木工程建築師們，更了解未來的發展。

同時，這個大賽也培養了設計人才，很多作品來自高等學校的設計院，其中不乏中學的青少年設計愛好者，將來他們都是中國太陽能建築設計師隊伍中重要的成員。

在中國大陸推動能源革命、實現綠色化的進程中，設計是一個源頭、是一個引領環節，透過設計才能把小到一棟建築、中到一個社區、大到一個城市，更加按綠色化要求，更多利用太陽能、利用可再生能源的方向，把事情堅持下去。

不僅如此，台達盃的設計主題更緊密扣連社會脈動，企圖用綠建築解決當代最重要的問題。如2009年主題設定為四川地震災區的校園重建，最後真的成為四川楊家鎮的陽光小學設計藍圖；2015年要求將綠建築融入偏遠鄉村與遊牧民族的日常生活；2017年和2019年的賽事，則分別將主題連結到高齡住宅趨勢及鄉村振興。

2011年台達盃一等獎 —— 吳江中達低碳住宅

位於江蘇省蘇州市的吳江，是典型的江南古鎮，家家臨水、戶戶通舟，被譽為是「醇正水鄉、舊時江南」。

座落於同里湖畔的「吳江中達低碳住宅」，內含16戶的精裝修公寓，以2011年台達盃一等獎「垂直村落」為設計基礎，於2019年落成。

這一棟建築的設計，充分考慮了地域的特色，將江南水鄉建築的文化肌理，反映到現代化的多層建築，主要以「粉牆黛瓦」為色彩基調，豐富了整體造形的精緻度。

而整棟建築運用了太陽能光電系統、太陽能熱水、屋頂綠化、陽台自遮陽等技術；空間規劃方面，採行垂直村落透過上下排列的戶型單元，表達遠近的透視關係，波浪形斜牆的應用則讓每一戶同時能擁有住宅的向陽面和遮陽面，提高太陽能集熱器的得熱率，也

1 透過台達盃國際太陽能建築設計競賽，向各國人才廣徵綠建築的好點子。圖為多位國際評審評選一等獎作品。

2 吳江低碳住宅引用自然採光、遮陽設計及樓宇智慧化等節能系統，打造宜古宜今的低碳住宅。

解決南向眩光的問題，充分活用太陽能，並且打造出舒適、宜居的居家空間。

此外，經中國建築設計研究院的調整，並融入台達研發的智慧樓宇解決方案，吳江中達低碳示範住宅可透過排風控制系統，自動過濾空氣並與戶外空氣交換，提高室內空氣品質，即時監測水、電、能量消耗等，達到最佳節能效果。

據實際居住及預估的用電統計，相較於上海普通三口之家住戶，低碳住宅平均每日每戶可節省約5度電（30%）。

2015年台達盃一等獎 —— 青海兔爾幹低能耗住房

2015年的台達盃將設計競賽聚焦於新農村建設，以「陽光與美麗鄉村」為主題，向全球徵集作品，希望能夠將太陽能等再生能源和綠色建築技術，運用於農村建築中，推進中國發展新型城鎮化、城鄉一體化的進程。

這一次的競賽，由北京交通大學脫穎而出，團隊以「風土再生」的概念進行設計，沿用具有當地特色的夯土牆結構，不僅就地取材，使用過後還可以直接回歸土地，同時又具有保溫隔熱的效果，讓建築冬暖夏涼。

另外，充分利用青海豐富的太陽光資源，團隊將被動式採光、太陽光電系統、空氣源熱泵、太陽能集

青海低能耗住房順應當地特殊氣候，使用太陽能光電系統、建築隔熱保溫等技術，打造舒適的低能耗農村住宅。

熱、智能微網系統、儲能系統等技術置入建築，讓這片農村住宅舒適又節能，成為中國第一個能源自給自足的居住社區。

為力求將在地民族文化元素融入房屋的外觀設計上，設計時還特別考慮戶與戶之間分布的建築規格、密度、風貌、方位朝向等，讓這棟住房雖然內置許多

綠建築微電影，精華現播

國家住宅與居住環境工程技術研究中心太陽能建築技術研究所所長、高級建築師 鞠曉磊：

通過實際工程讓創意成眞

經過十幾年，台達盃的影響力再進一步擴大，對建築行業、對高校學生來說，也有更大影響力。

像我在讀研究生階段，有幸參加了兩次台達盃國際太陽能建築設計競賽，第一次在2007年，當時我在學太陽能建築一體化專業，為了參加這個競賽，我去查閱很多資料，最後取得二等獎，提高了自己的技術水準。2009年再度參賽，也是為了使自己的專業進一步提高。

透過兩次競賽，使我在這屆的同學中有較好的成績優勢，順利進入國家住宅工程中心，繼續太陽能設計的工作，從「參與者」變成一個競賽的「組織者」。

競賽有兩個重要意義。首先，推廣太陽能及可再生能源，使設計院的工程師及在校大學生，能將太陽能理念灌輸到工作及學習過程，往後在面對業主時，也會貫徹這樣的理念。第二，它提供了一個平台，鼓勵好的建築師將創意融入競賽，因為這個競賽還透過實際工程，將想法及技術實現。

高科技元素，卻相當融入農村景色，彷彿就是當地土生土長的住宅，一點都不違和。

而2015年當年度台達盃獲得第二等獎、第三等獎及優秀獎的設計，也在青海當地建設的支持下，與低能耗住房建成了一個群落，稱之為「日月山下的二十四個莊廓」，目前做為民宿營運。

04

進軍世界
蘭花屋抱回四大獎

　　辦設計比賽徵求綠建築的創意還不夠，台達甚至幫
年輕人出國比賽、為台灣爭光。

十天搭建房子 天天出題模擬考

　　2014年，正值巴西舉辦世足盃的同時，遠在大西
洋另一頭的法國，台達同仁們正在觀賞另一場全球冠
軍戰，來自台灣交通大學的「Orchid house」（蘭花
屋）團隊，在被譽為太陽能設計競賽世界盃的「Solar

為拓展下一代綠領人才視野，台達協助年輕人參與國際綠能活動與設計競賽。

Decathlon」（十項全能綠色建築競賽）奪得四項榮耀。

不同於一般設計競賽，十項全能綠色建築競賽必須以作品的實際樣貌和環保績效一較高下。進入決賽的隊伍，得在限時十天內建造完成一棟住宅，並通過連續兩週的能源模擬檢測。

每天大會還會指定不同任務，如限時以綠能加熱定量的水、限定最少重量的洗衣、限定最低時數的3C設備使用等許多環境變因，上演真實的日常生活場景與能源使用情境，才會決定哪棟綠建築是真正的「十項全能」！而且大會強調回歸建築的基本功能與建造精神，鼓勵學生思考如何讓建築達到淨零耗能，與綠電供需之間的穩定和調節。

綜觀歷屆評分標準，能源管理項目可說是最主要的勝敗關鍵，舉凡：整體能源效率、電力備載平衡、室內溫濕度控制、各類生活電器的節能績效等，便占了四到五成評分比重。

而交大蘭花屋卻一口氣囊括「都市設計獎」第一名、「創新獎」第二名、「能源效率獎」第三名，以及「最佳人氣獎」第三名等四個分類獎項，締造了亞洲隊伍歷來的難得佳績。

「頂加」變綠 青年住宅新想像

當時代表台灣出國征戰的團隊，是由交通大學人文社會學院院長曾成德及建築研究所所長龔書章等名

師，率領30位學生組成的「Team Unicode」，他們花了近兩年鑽研設計案，在24小時日夜輪班營造搭建下，完成一座企圖解決都市熱島效應與青年居住需求的「蘭花屋」，展現綠建築可同時兼具氣候變遷調適力，並符合社會正義的期待。

既然從台灣出發，蘭花屋就在綠建築內，融入台灣特有的創意與在地文化。

交大團隊認為，倘若可以打造更永續、舒適的頂樓住宅，便可在城市的天際線上，大量騰出讓青年與弱勢者負擔得起的居住空間，讓這群人能夠留在都市內，不必被迫遷往更偏遠的郊區，每日付出更多通勤時間與交通排碳量，同時傷害了環境與社會資本。

蘭花屋便以此概念出發，把台灣的頂樓加蓋文化，轉為適合居住且附帶環境友善功能的綠建築。

蘭花屋 兼具舒適與節能雙效

一開始，蘭花屋採取許多被動式設計，例如讓熱氣從斜屋頂的通風百葉流出，並以最佳日照角度在屋頂和牆面安裝太陽能光電系統與熱水器，同時設置雨水回收系統。

室內則透過「蓄熱牆」調節溫度。蓄熱牆的材料使用回收寶特瓶、鋼鐵及環保木材組成，能捕獲來自太陽的能量，阻擋戶外炎熱，讓室內保持涼爽，加上交大團隊創意設計的「智慧皮層」（Smart-Skin），利用

1　強調實作的「歐洲盃十項全能綠色建築競賽」（SDE）要求參賽者蓋出一棟真實的房子，以實際節能表現一較高下。

2　當時親自到巴黎現場替台灣學生加油的鄭崇華，最愛看各國綠建築作品電箱內的奧妙。

交大人文社會學院院長曾成德帶領團隊參與2014年歐洲盃十項全能綠色建築競賽，打造永續綠能蘭花屋，整體能源管理及效益表現優異，獲得「能源效率」等四項大獎。

交通大學蘭花屋
（Orchid house）

完工年份	2014年
建築師	交通大學建築所學生團隊「Team Unicode」
相關認證	榮獲2014年「歐洲盃十項全能綠色建築競賽」（Solar Decathlon Europe）四個分類獎項：「都市設計獎」第一名、「創新獎」第二名、「能源效率獎」第三名、「最佳人氣獎」第三名

綠建築微電影，精華現播

彈簧的開闔控制直射屋內的陽光。

再栽種許多象徵台灣意象的蘭花，創造如溫室花園的宜人場域，還可利用植物的蒸散冷卻作用，清淨室內空氣，植物生長則透過回收雨水滴灌，減少水資源耗費。

施工方面，蘭花屋具備輕結構模組化及容易改裝的使用彈性，所有建材與設備皆可回收再利用，一來減少能資源浪費，二來也可降低居住者的經濟負擔。

除了經費上的支持，台達也運用自身節能系統與整合能力，提供從太陽能發電、智慧儲能、環境控制到能源即時監控等完整解決方案。

透過蘭花屋的實際展示，可看到台達為其量身打造的「建築能源管理系統」（Building Energy Management System, BEMS）與「電能儲能與管理解決方案」（Battery Energy Storage Solution, BESS），透過可程式控制器（Programmable Logic Controller, PLC）監控所有傳感器及設備，讓蘭花屋具備可自我調節溫度的能力，同時達到室內環境的舒適與節能減碳之效。

十項全能綠色建築競賽
實作與產品的試煉

台達與交大的合作起源，可回推到2013年5月，時任交大副校長的林一平，先找上台達資通訊基礎設施事業群技術長蔡文蔭，招募蘭花屋參與「歐洲盃十項全能綠色建築競賽」（SDE）所需的太陽能光電系統。

長年推廣環境議題的台達知道，SDE不僅是太陽能設計競賽的最高殿堂，更是難得的國際曝光與實戰機會，隨即由品牌長暨基金會副董事長郭珊珊親自帶隊前往交大洽談。雙方一拍即合，8月即決定深入合作。

由於評審會不斷丟狀況題，實測各種綠能設備於真實生活情境下的績效，因此在2014年6月前進凡爾賽宮之前，交大團隊先在校內試搭建蘭花屋的建築結構，台達團隊同時在台南廠區模擬設備通電測試，預判所有系統整合在一起後可能遭遇的挑戰。

這種準備並非多慮，事實上，作品在廠區跟實驗室得出的完美數據，都得經歷實戰測試，才知道還有哪些改善空間。比方，當時正值夏季的法國雖然很熱，但經常一陣大雨後氣溫驟降，這時室內又需供應暖氣，才能維持比賽要求的環境舒適度。

這種系統整合能力，便是台達希望掌握的「能源管理系統」（Energy Management Solution），因為綠建築不光是裝設發電系統，還必須兼顧環境舒適度、能源的儲存與調度和即時的能源管理等諸多面向。

郭珊珊回想，當時台達創辦人鄭崇華也花很多時間於會場，除了幫台灣選手加油之外，更不時抽空觀摩其他隊伍打造的建築。不過，他看的重點不只建築外觀，「鄭先生每次都會看機電櫃的箱子，」研究人家怎麼轉接、整合不同電力來源、如何設計控制系統等。

一旦綠能設備更為普及，深入尋常百姓家，如何讓每套系統無縫接軌？融入真實的建築結構與生活家電？都得透過SDE這種實戰舞台找出答案。

協助交大蘭花屋角逐SDE的過程中，台達各部門也藉此獲得寶貴的系統整合經驗。

太陽種子冬令營
帶領青年學子築夢

2014年春天,「太陽種子冬令營」共吸引來自建中、北一女、新竹高中等35名高中生參與。

為期三天的活動,台達邀請許多建築師及環境觀察者擔任講師,以實驗與研討的方式,帶領年輕學子以「屋頂上的100種生活」為題,針對台灣特有的屋頂加蓋現象,腦力激盪,提出各種節能方法與住宅構想。

冬令營最後由來自新竹高中的七位同學,以「空中西門町」獲得最佳團隊獎。

他們觀察到西門町獨特的青年次文化,以「互補＋包容」為設計主軸,把屋頂打造成滑板族最愛的極限舞台,或順應建築高低起伏的文創聚落,轉為充滿市集、工作室、藝廊、運動場等多功能的城市創意空間。

此外,同屬竹中團隊的陳彥廷,

也獲選為「台達能源教育青年大使」，競賽期間飛到巴黎凡爾賽宮前的競賽場地，向各國參觀者介紹蘭花屋。

根據基金會後續追蹤，參加太陽種子冬令營的高中生，不僅超乎預期地展現對環境的觀察與想像力，更有超過1/3於隔年進入各大專院校建築與設計相關系所就讀；其餘的學生也持續透過自己所學，期許在未來創造更大的影響力。

2016的秋天，太陽種子的精神也轉化成「台達綠築跡設計營」，擴大招募從高中生到研究生，組團設計具公共服務的綠房子，讓台灣社會對於建築節能、儲能與創能有更多的認識，利用建築成為對抗地球暖化的第一線。

Chapter 3

接軌世界潮流
推廣綠理念

　　為了推廣綠建築理念，台達在過去十餘年來，不斷嘗試轉化綠建築的專業知識，使它變成一套連常民百姓都能聽得懂的建築常識。更重要的是，台達還以過去所累積的能量與投入的熱情，成功地站上聯合國的舞台，分享關於綠建築的故事，對世界說出屬於台達的看法和聲音。

01

最低碳的燈會建築
台達永續之環

要如何打破一般人對綠建築的高深印象？不如，就
讓它更具文化意涵吧！

2013年搭配元宵燈會打造的「台達永續之環」（The
Delta's Ring of the Celestial Bliss），就是台達在綠建築推
廣手法上的一大突破。

每年春節假期尾聲的台灣燈會，是華人世界最燦爛
動人的慶典。近年來，燈會活動動輒吸引千萬人次觀
光客參與，成爲地方政府吸引觀光商機的重點活動。

自我挑戰碳足跡最少的燈會建築

該如何利用民俗節慶來推廣節能減碳，成爲台達決
定參與2013年在新竹縣舉辦的台灣燈會的一大挑戰，
執行團隊不斷省思是否有更永續和節能的方式，替這
個重要慶典添上綠色面貌。

當時台達基金會正與成功大學建築系林憲德教授合
作籌備「低碳建築聯盟」，預計推出民間版本的「建
築碳足跡」評估方法，正好可讓從設計階段就參與評
估的永續之環，做爲該制度首座試驗標的。

台達給自己的挑戰是，做出一棟碳足跡最少的燈會
建築！

以減少碳足跡爲主要目標，台達永續之環的燈體，
大幅減少高排碳的混凝土，改採幾乎可完全回收再
利用的鋼構，以及生長快速、固碳潛力驚人的天然竹
子，一舉讓燈體主結構減少近八成碳足跡。

台達永續之環

完工年份	2013年
設計	潘冀聯合建築師事務所
建築型態	高10公尺、寬70公尺的環型建築
節能效益	比一般混凝土建築減少近八成碳排放量
相關認證	2015年獲國際建築大獎「A+Awards」瞬間快閃建築類（Commercial Pop-Ups & Temporary）「專業評審獎」及「公衆票選獎」雙料殊榮、台灣第一棟經計算並公告「碳足跡」的建築

台達永續之環使用效能極佳的視訊及LED照明設
備，大幅提升用電效率；展後的建築物也毫不浪費，
如竹牆送往台東易地重組為環境教育基地，寶特瓶抽
紗製成的投影巨幕，則再重新縫製成800個環保袋；21
萬組竹節壓實的地坪，最後統統留下來，當成滋養公
園土壤的有機肥料，連運送過程都免了。

1 燈座鋼構重新組立,成為台東
  大溪國小風雨球場的頂棚。

2 原用來固定投影機的工作站,
  化身成僅靠太陽能發電車供電
  的小房子,於台南市立社區大
  學供民眾體驗綠電生活。

3 燈座外牆900根的桂竹,捐贈
  給大地旅人環境工作室做為台
  東教育基地示範建材。

經過估算,台達永續之環產生的碳足跡,僅為同類型展演建築的21.3%,為期十五天的燈會展期,一共只創造94.7公噸的碳排放量,幾乎只有101跨年煙火一個晚上相關活動排碳量(約430噸)的1/5!

融入「從搖籃到搖籃」的想法

回顧這次難得的經歷,彷彿替台達團隊重新上了一堂「環境數學課」。

雖然以往大家都已熟知Reduce(減量)、Reuse(再利用)、Recycle(回收)等3R手法,但在建築碳足跡資料庫的數據檢視下,發現仍有不少節能空間,可以讓每個同仁深刻了解,其實在每一張設計圖、每一次

施工，或每一筆採購案背後，都可能影響建築往後數十年生命週期的碳排放量。

比方，儘管鋼鐵在台灣的回收已做得相當好，但只要在設計階段融入「從搖籃到搖籃」的想法，事先妥善規劃後續再利用的可能性，就能延續物品的使用生命，讓每一噸碳排放都發揮最高的價值。

「永續之環」永續運用

比如說，做為台達永續之環燈座的鸚鵡螺鐵製工作站，原本是置放12台高階投影機的中控台，燈會結束後，工作站便捐給台南社區大學，並委託西班牙建築師荷西（JOSA MARIA）主持改造計畫，把只容兩人旋身的狹小空間，變成可供入住的有趣小房子，還用廢棄材料打造隔間，在屋內做出閣樓。

這棟小屋的電力來自獨立供電的太陽能車，後來還在2017年「台達綠築跡」華山展覽露面，結合台達所設計生產的家戶儲能系統，成為一棟方便大眾親近的「微型綠建築」。

至於台達永續之環最壯觀的巨大鋼構體材，活動結束後落腳台東縣太麻里鄉的大溪國小，捐給該校興建風雨操場的環抱狀基座。

除了讓棒球隊在天候不佳時，仍可在棚內傳接球與做打擊練習；到了颱風汛期，做為附近部落避難處的大溪國小，也多了一個遮風避雨的地方，協助當地民

2017年永續之環的小房子在台北華山露面，電力供應來自太陽能車及儲能系統。

眾抵禦極端氣候的侵擾。

　　在當時，循環經濟的概念尚未普及，但秉持著「環保、節能、愛地球」的精神，台達讓永續之環成爲首座材料全數再利用的燈會燈體，也在當時立下了一個里程碑。

綠建築微電影，精華現播

02

270度環型燈體
訴說永恆

除了創造最少的建築碳足跡，台達永續之環的另一個話題，來自建築師潘冀所建構的永續設計意涵。

一般元宵活動常見的大型主燈，多仿自該年的生肖形體。然而，台達永續之環卻是一座高10公尺、寬70公尺的超大環型螢幕，懸挑飄浮在離地6公尺的夜空中，讓觀賞者一次看遍廣達270度的視角內容，不但在當時締造全球最大節慶燈體的紀錄，更是台灣燈會前所未見的前衛設計。

此般奇特的圓弧設計，源自於建築師潘冀對於生命的感受。

傳統中，燈節是整個春節的尾聲，人們除了互道恭喜，也為來年祈福。因此，潘冀藉由永續之環，透過近似圓形的循環概念，讓人們置身於主燈底下時，可從四周感受包圍而來的投射光影，彷彿看見自然界永續循環的流動縮影，沐浴在從天而降的恩典之中，進而感受到永恆的意象。

呼籲人們感恩自然

那一年的新竹燈會，台達永續之環持續播放以「恆」命名的影片，由「日月篇」及「四時篇」交替呈現。「日月篇」是以台達集團創辦人鄭崇華先生的自傳《實在的力量》內容發想，敘述宇宙源起與日月運行的壯闊，省思文明成就引發的危機，並點出後代謀求生生不息的道理；「四時篇」則是以《天下雜

1　台達藉《易經·恆卦》，向民眾闡述永續的意涵，並邀請書法家董陽孜為展覽題字。

2　廣達270度視角的超大圓弧螢幕，在當時締造全球最大節慶燈體的紀錄。

恒

日月得天而能久照
四時變化而能久成

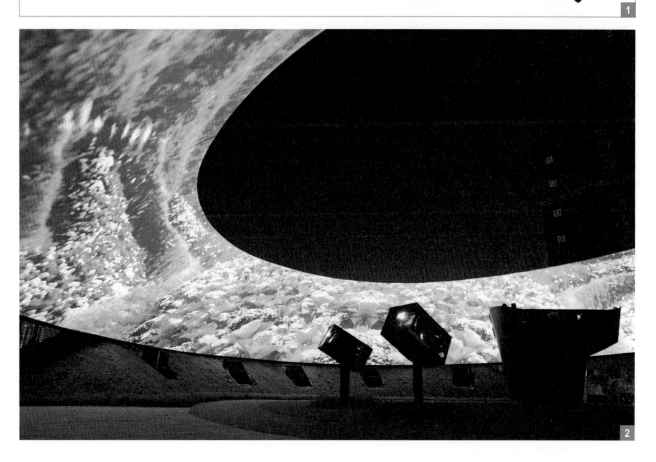

誌》《發現美麗台灣之春夏秋冬》紀錄片爲本，取其影片精華，演繹四時交替的台灣之美。台達並邀請國寶級書法家董陽孜，爲影片留下墨寶，呼籲人們懂得感恩自然、追求永續的生活。

寫下台灣戶外投影新紀錄

爲了在當時全台最長的投影布幕上，放映足以展現永續之美的畫面，並兼顧節能減碳的理念，支援活動的台達視訊團隊付出不少心血規劃。最後，透過環形中央鸚鵡螺工作站內共12台2萬流明投影機，加上外圍3台3萬流明投影機共同合作，融接投出合計總畫素超過1,200萬的畫面，寫下台灣戶外投影的新紀錄。

有最好的投影品質，仍要有最佳的節能表現。燈會期間投影設備總耗電量僅有3,641.76度，比起同規格的投影耗電量，節能接近五成，使民眾於感受影片震撼的同時，也能體會最新的節能技術。

根據官方的統計，爲期十五天的燈會，光是搭乘高鐵、台鐵、接駁車等大眾運輸工具前往的賞燈人潮，估計就有1,268萬人次，還不含開車賞燈的民眾。在許多網路攝影社群，台達永續之環更是當年燈會推薦必拍的景點。

將道德層次的減碳呼籲，不論是透過建築形體的設計，或利用最先進節能的展演手法，台達永續之環都可算是台灣實施《環境教育法》後最盛大的嘗試。燈

會落幕後，展演影片也持續以縮小版模型於不同場合展出，比如巴黎氣候峰會（COP21）召開時，影片與模型即在大皇宮舉辦的台達綠築跡展中播出，成為當地媒體的目光焦點，繼續利用軟實力發揮影響力。

獎不完的台達永續之環

2013年台灣燈節落幕後，台達永續之環的影響力仍在發酵。這棟原本只為十五天燈節打造的臨時綠建築，竟引發一連串後續效應，甚至得獎連連。

當年度，台達便以永續之環為參賽方案，獲得《遠見》雜誌企業社會責任獎的「環境保護組」首獎。

2015年，台達永續之環再獲國際建築大獎「A+Awards」瞬間快閃建築（Commercial Pop-Ups & Temporary）類的「專業評審獎」及「公眾票選獎」雙料殊榮。

A+Awards是紐約建築網站Architizer自2013年起舉辦的設計獎項，分為住宅、商業、交通、文化等九大類型，2015年吸引上百國的一千五百多件作品角逐，還由英國費頓出版社（Phaidon Press）發行專刊介紹。

而發想台達永續之環設計概念的建築師潘冀，也在2015年獲得「國家文藝獎」，表彰他多年來推動人文與環境的努力，透過創新的手法，將綠建築理念傳播得更遠、感動更多人。

03

邁向聯合國
扮演氣候議題
「傳譯者」

多年來，台達關注環保、能源、綠建築等，都緊扣著全球大趨勢，那就是趁著還來得及的時候，減緩與調適氣候變遷。

而「聯合國氣候變化綱要公約」（UNFCCC）締約國會議，是目前全球人類應對氣候危機、一年一度最重要的會議，每年齊聚近兩百國的談判代表、頂尖科學家、企業與環保倡議團體等，討論如何攜手對抗暖化，並產出可供各國執行的行動方針。

台達基金會自2007年在印尼峇里島舉行的聯合國氣候公約第13次締約國大會（COP13），也就是討論《京都議定書》接續條約的進程開始，年年都派員參與氣候會議，爾後並取得環境非政府組織（ENGO）的觀察員資格，經常透過「低碳生活部落格」發表第一手的現場消息，蒐集最新的氣候新知與環保概念，喚起台灣民眾對此議題的關注。

長期追蹤氣候議題進展

參與兩年後，在第15次締約國大會（COP15）舉辦的前半年，台達基金會與「卓越新聞獎基金會」密集合辦了「哥本哈根媒體沙龍」，召集一批碩博士，解讀會前談判最新進展，並將成果出版成冊。這群研究生後來也成為台達基金會的「環境寫手團」，不定期於「低碳生活部落格」發表關於全球能源與氣候的分析文章。

「台達氣候沙龍」摘譯聯合國政府間氣候變化專門委員會（IPCC）重要報告助台灣社會即時掌握國際新知。

　　令人遺憾的是，2009年的氣候會議以失敗告終，但各國記取失敗教訓，於隔年發起一套由下到上的自主減碳進程。

　　有鑑於此，台達基金會也不再只轉譯國際談判文件，而開始找尋本土減碳案例，並在竹科廣播IC之音頻道開設「氣候戰役在台灣」節目，至今持續每週專訪環境話題人物，解析最新的環境、能源與氣候議題，並努力發掘台灣在地所做的氣候因應行動，同樣由下到上，帶動全民環境素養與共識，希望喚起聽眾的共鳴。

　　除了參與觀察氣候談判，台達基金會分別於2013年與2018年，與國際同步，將聯合國政府間氣候變化專

門委員會（IPCC）分別出版的權威氣候報告：《聯合國第五份氣候評估報告》（AR5）和《全球升溫1.5℃特別報告》（SR1.5），事先取得報告原文，即時發布中譯本，並與IPCC同步舉辦口譯記者會，廣邀媒體與社會大眾一起關心暖化趨勢，並由專家學者分析報告重點。

之後，基金會也與「曾虛白新聞獎基金會」合作，每年頒發「台達能源與氣候特別獎」，鼓勵媒體從業者報導氣候議題更全面透徹，至今已有數十篇震撼人心的報導獲獎。

2018年COP24上，台達基金會主辦聯合國氣候變遷大會周邊會議，邀請許多國際重量級研究智庫及組織同台談論分散式能源。

美國國家海洋暨大氣總署等國外訪客，對水逐跡展有高度興趣，參觀時頻頻詢問細節。

松菸水逐跡特展與
《水起·台灣》紀錄片
敲響惜水警鐘

向媒體解讀完《聯合國第五份氣候評估報告》後，因九成的極端氣候都與水相關，台達基金會同仁接著於台北松山文創園區籌劃「水逐跡——水與環境教育特展」，將科學文字淺白化，讓民眾了解，水的改變將如何衝擊台灣的未來。

「水逐跡特展」開幕的這年，台灣正面臨六十七年來最嚴重的旱災，因此開展後受到各界重視，從中央到地方的官員，均親自參觀展覽，甚至連美國國家海洋暨大氣總署（NOAA）的官員造訪台灣時，都特地安排來參觀。

隔幾年，因應極端氣候對台灣水資源分布所造成的衝擊愈來愈大，台達延續對水議題的關注與探討，與日本NHK關係企業NHK Enterprises合作，籌製全台首部8K超高畫質環境紀錄片《水起·台灣》，2019年3月登上日本NHK BS 8K衛星頻道，對全球播映。

這部紀錄片以8K細緻影像傳達在地球暖化及人為活動下，台灣水資源及相關環境所受到的影響，讓大眾看到包括棲蘭山逐漸消失的地衣苔蘚、七家灣溪櫻花鉤吻鮭的生態復育，以及墾丁珊瑚白化等現象。

1　台達的8K環境紀錄片，讓許多隱藏在畫面裡的細節都栩栩如生。

2　學生是參觀此展的主力，從小學生到中學生，均由台達志工針對不同對象分齡解說。

3　水逐跡展在台北松山文創園區開展時，台灣正值六十七年最嚴重的乾旱，因此受到廣泛注意。

4　台達基金會於台中自然科學博物館舉行《水起·台灣》紀錄片首映會，透過近700吋的巨幅銀幕，讓民眾實境感受8K影像的震撼。

04

從利馬到卡托維茲
登上國際舞台發聲

在連續多年參與氣候公約締約方會議後，台達基金會期盼能貢獻國際氣候社群實際節能案例，於是在2014年利馬氣候會議（COP20）上，台達首次申請主辦周邊會議，與世界資源研究所（WRI）、瑞士聯邦發展與合作局（SDC）等組織合作，召開一場主題為：「整合型氣候風險管理，打造韌性世界」（Integrated Climate Risk Management for a Resilient World）的周邊會議。

當時，台達以高雄那瑪夏民權國小為例，與兩百多位來自各國的聽眾，分享台灣如何透過綠建築協助原住民調適氣候變遷，並順應當地建築文化，將重生後的綠校園設計成可供避難的友善居住空間，並成為台灣第一座淨零耗能校園。

會中，包括吐瓦魯環境部長Mataio Tekinene、世界銀行氣候變遷部主任James Close、荷蘭氣候談判代表團政策主任Annika Fawcett等專家，都跟台達做了充分交流，彼此互享可貴經驗。

現身國家館 展現節能實力

有了COP20的成功經驗，隔年於史上規模最龐大的巴黎氣候峰會（COP21）上，台達整合基金會與企業雙邊資源，一口氣參與了六場不同型態的活動，於國際氣候會議上推動節能倡議，盼建築節能獲得重視。

巴黎氣候峰會結束前一天，台達受德國國家館

台達品牌長郭珊珊在聯合國氣候大會
周邊會議上，與各國來賓分享台灣企
業的能源解決方案。

（German Pavilion）之邀，參與主題為「Energy
Efficiency - the Local Authorities' Visions」的周邊會議，
由台達執行長鄭平及品牌長郭珊珊兩位代表出席，與
德國聯邦環保局長Maria Krautzberger、德國杜賓根市
長Boris Palmer、國際環保團體Kyoto Club代表Gianni
Silvestrini等人同台，交流如何提高能源使用效率，並探
討地方組織可扮演的角色。

台達執行長鄭平首先上台，向與會來賓介紹台
達「環保 節能 愛地球」的經營使命，解釋台達如何以
企業角色提出具體節能作為，並期望對政府的氣候政
策做出正面影響。台達品牌長郭珊珊隨後以台達基金
會所贊助的紀錄片《看見台灣》為切入點，分享如何
透過影片與策展影響力，理性與感性兼具地向大眾溝
通環境議題。

在場專家皆同意，對抗氣候危機所採取的能源策
略，絕不是只有建造再生能源或擴增發電設備，提
高能源效率更是重要關鍵。Kyoto Club代表Gianni
Silvestrini就表示，一旦未來電動車輛與再生能源開始普

及，從能源的儲存、轉化、調度到管理，都需要更多系統性的整合與調配，才能提高能源運作效率，否則反會造成浪費。

杜賓根市Boris Palmer市長則強調，地方政府若從建築節能下手，成效將十分顯著。

參與永續論壇　示範企業節能決心

在巴黎氣候峰會的眾多周邊活動之中，「永續創新論壇」（Sustainable Innovation Forum, SIF）可說是企業參與度最高、出席陣容也最具份量的高階商務活動。

這天，台達董事長海英俊與來自各國的75位企業主與城市代表們，一同來到位於巴黎北方的法蘭西體育場（Stade de France），參與論壇其中一場座談會「永續城市：效率提升與設計創新」，和他同台交流的還有：歐洲自動化大廠Danfoss執行長Niels B.

Christiansen、軟體業巨擘Autodesk清潔科技執行長Jake Layes、墨西哥Hidalgo州政府經濟局長、葡萄牙科學與教育部部長等國際菁英。

當主持人不斷追問各單位推動氣候行動背後的動機來源，海英俊當下從容表示，台達對抗氣候變遷的決策，始終來自公司經營使命及創辦人鄭崇華的堅持。

回想1971年創業初期便遭逢兩次石油危機，一方面促使台達思考提高能源效率，二來也不斷省思企業回應環境衝擊。

如今身為全球電源供應器龍頭，台達以身作則達成五年下降50%用電密集度（即每單位產值所需的用電量）的目標；達標後，又追加2025年要將碳密集度較2014年水準減少56.6%，堅定展示台灣企業的節能減碳決心。

除了國家館及永續創新論壇，聯合國氣候大會裡還

有正式周邊會議，供締約方及觀察員申請，讓更多氣
候解方及資訊能被傳達出去。

與會周邊會議分享案例與成果

就在COP21會議的最後倒數時刻，台達在以非政府
組織（NGO）為主的聯合國氣候會議綠區，策劃了一
場與建築節能相關的周邊會議，以綠建築與永續城市
為題，分享觀點。

站上聯合國講台的鄭崇華，以台達五年為全球省下
140億度電做開場，強調節能的投資報酬率極高。他以
台達自身建築節能的實際案例，十年來，節能效益從
30%、50%一路提升，甚至已有能力達到淨零耗能，
證明建築減碳潛力確實驚人。

長年關心環境議題的台達創辦人鄭崇華，2015年親自率隊前往巴黎參與聯合國氣候會議，分享台灣的節能經驗。

　　當時的中國可再生能源學會理事長石定寰則提到，改善既有建築的能源使用效率，對減碳具關鍵影響力，已成為中國減碳策略的重點之一，節能技術也必然持續精進。印度的Garud博士和MIT副校長Zuber不謀而合地認為，若有全球碳資金、碳價格化等制度，必然會影響每個人的日常能源使用行為，做出改變。

　　這是台達首次在聯合國氣候會議的會場內，一手主導周邊會議論壇，企圖使建築節能的議題，讓更多決策者重視。

　　巴黎氣候峰會成功讓各國簽署《巴黎協定》後，氣候談判從國際場合轉向到各國內政上，包括各國國會陸續批准《巴黎協定》並使其施行、不同產業開始依據各國自主減碳目標，積極尋找各類可行的解決方案。另外像再生能源、電動車及儲能產業，在政策明確後更是快速發展，成本也迅速下降。

　　然而，隨著各國政權更迭，全球在減碳合作上也再次出現裂痕，陸續有國家選擇退出《巴黎協定》，站在街頭表達意見的民眾，也開始為反對開徵碳稅、反

對燃油車管制等理由群聚。另一方面，也有不少群眾厭倦緩慢的政治談判，改以全球串連罷課、阻斷城市交通運作的方式，向更多人表達對人類滅絕的憂慮。

與地方政府合作 持續提供創新方案

有鑑於此，台達也開始與城市合作，並持續提供創新的能源解決方案給關注氣候變遷的決策者。

2017年在由斐濟主辦、波昂協辦的氣候會議上（COP23），台達受到地方政府永續發展理事會（ICLEI）的邀請，在周邊會議上發表如何運用節能綠建築和低碳交通，拼出一張低碳城市藍圖。同場與會者包括日本富山市（Toyama City）、烏蘭巴托、深圳、新北市、亞洲開發銀行等國際城市決策高層及氣候專家，也對低碳城市的發展交換意見。

2018年在波蘭舉辦的卡托維茲氣候會議（COP24）上，台達則以分散式能源和城市韌性為主題，攜手日本公益財團法人自然能源財團（Renewable Energy Institute, REI）共同主辦周邊會議，包括C40城市氣候領導聯盟、美國綠建築協會（U.S. Green Building Council, USGBC）、美國能源效率經濟委員會（American Council for an Energy-Efficient Economy, ACEEE）等國際知名智庫均同台發聲。

台達也再次以技術提供者的角度，解析分散式能源在目前市場上的發展，涵蓋了儲能系統、樓宇節能、

1　COP24大會主席Micha Kurtyka（中）參觀永續創新論壇台達展位，與台達資深副總裁暨資通訊基礎設施事業群總經理鄭安（左）、台達品牌長郭珊珊（右）合影。

2　台達資深副總裁暨資通訊基礎設施事業群總經理鄭安代表參與永續創新論壇，與國際意見領袖分享台達應用在低碳交通的解決方案與實際案例。

V2H/V2G（Vehicle-to-Home/ Vehicle-to-Grid）雙向充
電器等，以協助城市強化能源韌性。

　　在COP24期間，正大量投注資源於電動車發展的
台達，也再次參與「永續創新論壇」，與來自義大利
米蘭、法國巴黎、德國郵政DHL集團（Deutsche Post
DHL）等國際意見領袖，分享推行低碳運具的計畫。
台達以充電設施整合儲能、再生能源等技術，再配上
能源調度，創造彈性應對充電需求。在波蘭，每三台
電動車直流快充設施，就有一台是由台達生產，因此
台達所分享的案例，在卡托維茲的街道上就能目擊，
甚至是為大會周邊接駁的電動車提供機電服務。

05

策展「綠築跡」
分享實際經驗

於巴黎氣候峰會期間，台達除了參與聯合國相關活動外，為使影響力擴及更多的決策者與普羅大眾，另以「綠築跡──台達綠建築展（Delta 21 Green Buildings at COP21）」為名，將十年來推動綠建築的經驗，於巴黎市中心的大皇宮內展出。

位於香榭麗舍大道旁的大皇宮，是座已有百年歷史的展場建築，當初是為了1900年的巴黎世界博覽會而建。長久以來，大皇宮內多半只有法國的品牌廠商有資格借展，但巴黎氣候峰會期間，難得開放給民眾入場參觀各式綠能與節能盛會，台達的綠築跡展即座落其中。

「綠築跡──台達綠建築展」完整呈現台達十年建成二十餘棟綠建築的點滴。

皇宮內的綠能盛會

走入大皇宮，在陽光灑落的玻璃穹頂下，很容易一眼就注意到台達的展覽。那是一座全場最高的褐色獨特造形大劇場，七米挑高結構卻質樸儒雅，大劇場周圍錯落著書櫃與閱讀長桌，猶如圖書館氛圍，而這正是以那瑪夏民權國小圖書館為靈感發想，參觀民眾可以輕鬆穿梭其間，享受看展。

整個展覽由四大塊構成，「Smarter」訴說風土建築之美、聯合國氣候報告的建築專章；「Greener」翻閱台達十年二十餘棟綠建築，從鄭崇華2005年的海外綠建築之旅，一直到當時最新落成的美洲總部大樓；「Together」讓民眾可以選擇不同角色，從掌管

家中大小事的主婦、到拍板預算的企業主等，在遊戲中學習節能行為；最後則是環景大劇場，以台達綠建築體驗旅程壓軸，播放由金馬獎動畫入圍團隊所拍攝的《築回自然》影片，以「仿花為形」的那瑪夏民權國小、「邀蟲為鄰」的孫運璿綠建築研究大樓，以及「砌石為蔭」的台達自身綠廠辦，帶大家沉靜心緒、意會師法自然的理念。

展覽期間，除了可以見到許多專業人士停留於綠建築模型與解說看板前熱絡交談之外，出席巴黎峰會的台灣官員與非政府組織代表受邀參觀時，則多半佇足停留在建築儲能系統與電動車充電樁前，對於台灣的

1　鄭崇華對綠建築的啓蒙，於展覽裡有不少著墨。

2　2016年「綠築跡」展覽於台北華山登場，入口處以「花」、「蟲」、「石」三大主題讓民眾感受綠建築的自然之美。

3、4　2017年「綠築跡」展覽移至高雄駁二，添增不少綠城市、綠交通的元素，像是互動遊戲「明日城市」和電動車充電椿，都能讓民眾實際體驗。

綠能技術已於國際占有一席之地，常難掩不可置信的表情。

如詩一般的展覽 駐足各地巡演

就期盼展覽拉近與群眾之間距離來看，也不乏迴響上演，比如參觀民眾認眞抄寫筆記、小朋友好奇地將整張臉貼上建築模型、遊戲區吸引許多跨年齡層族群，更有民眾於看完環景影片後，有感而發地說：「This is peaceful！（令人平和！）」

如此動人的展演效果，不僅得來不易，更是許多台達同仁努力一年多來的成果。

以《築回自然》影片爲例，台達與合作動畫團隊約四十餘人，花了大半年時間，輪番至台達在桃園、台

Des Solutions Plus Intelligentes, Pour Une Planète Plus Verte
Smarter Solutions, Greener Planet
智慧‧兼容天地

南、高雄等多棟綠建築出外景，運鏡模擬小瓢蟲、螢火蟲的飛行軌跡，導引觀賞者從戶外到室內，體驗綠建築之美。

「綠築跡──台達綠建築展」在巴黎展期結束後，2016年中亦巡展至北京清華大學美術學院，並於當年9月再移展台北華山文創園區重現經典。

但同一個展覽，隨著環境和觀眾的變化，也會有不同的元素。比方說，台北華山的展場內，有一個老舊鍋爐和引入自然光的天窗設計，台達便活用了這個特色，結合「綠築跡」內容，讓民眾實際看到綠建築的特徵。

2017年，響應生態交通全球盛典（EcoMobility），台達把展覽移到熱情的南台灣高雄，添上低碳交通的元素，如：電動車充電樁、綠色港口的節能作為等，為民眾勾勒低碳城市的藍圖。

1　即使有恐攻的威脅，仍有不少巴黎人攜家帶眷來參觀綠築跡展。

2　展區內所播放的《築回自然》影片，透過電影手法展現台達綠建築的理念與特色。

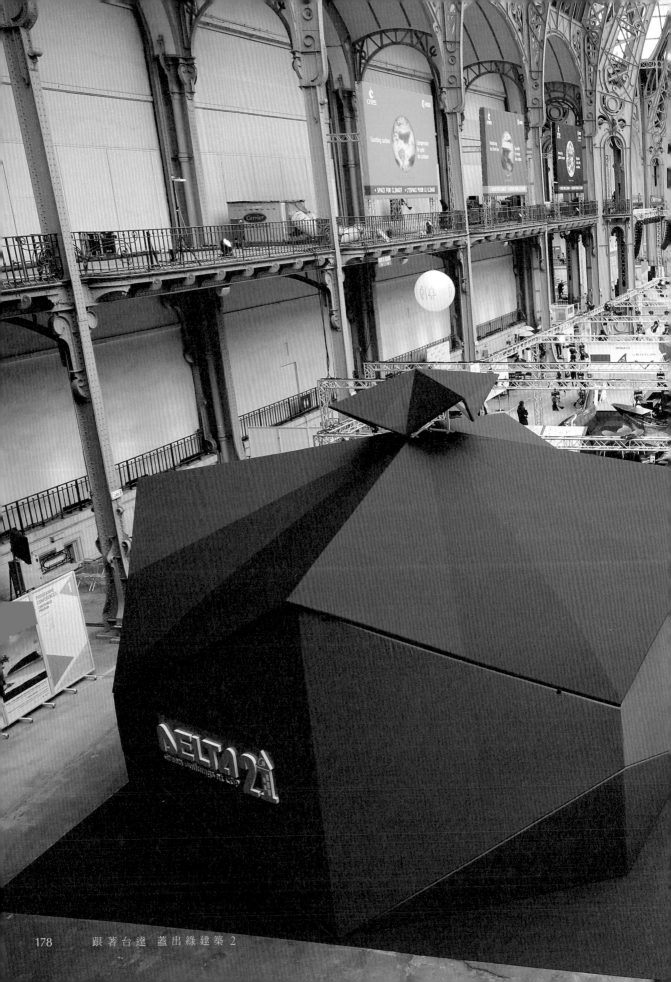

06

建築節能
從零耗能
邁向「正能量」

分析《巴黎協定》後的熱門氣候關鍵字，除了將全球升溫目標控制在2℃或1.5℃以內，「碳價格化」（carbon pricing）更是各方極力推動的未來大趨勢，以刺激人類降低排碳量。

然而，縱觀各種碳排放主要來源，多環繞在能源、工業、交通等層面，建築節能這塊相對被忽略了。但事實上，被氣候學界尊奉為「能源字典」的《世界能源展望》（*World Energy Outlook, WEO*），在2018年報告裡便指出，建築部門目前占了全球能源消耗的31%，比工業和交通（各占29%）都還來得多，估計未來每年平均還可能會多消耗0.9%的能源；到了2040年，將成為最大的吃電怪獸！

因此，往後做建築新建及翻修時，更需注意被動式設計手法，像加強室內的採光與通風、採用高絕緣係數的隔熱建材，再輔以太陽能、小型風力發電等再生能源，才有辦法讓建築的能源使用達到自給自足。

老房子節能潛力最高達90%

事實上，聯合國政府間氣候變化專門委員會出版的第五次評估報告，就特別刊載了「建築專章」，預估到2050年，全球約有八成的建築能耗，都來自2005年前蓋好的老房子，這些既有建築的節能潛力最高可達90%。

因此，如何針對為數眾多的既有建物，提出可行的

台達參與的巴黎氣候峰會，被認為將是引領全世界走向低碳路線的重要歷史里程碑。

能源監控管理計畫，並設法提升能源使用效率，避免
成為電力與熱能流失的黑洞，便充滿急迫性，該份報
告甚至提供了許多刺激建築節能的政策誘導工具。

　　在聯合國提倡下，各國政府愈來愈把建築當成節能
減碳的重點項目。

　　比方，歐盟的建築能源績效指令即規定，到2020
年，境內所有新建物都必須接近「淨零耗能建
築」（Net Zero Energy Building, NET ZEB）。2018年歐
洲議會又通過修正案，明確要求2050年前，全部建築
達到低排放或零排放（low and zero-emission）溫室氣體
的標準。

至於美國，地方城市和州立政府則各有規定。像加州規定自2020年起，新建的獨棟住宅都必須強制裝設太陽能板，以便創造更多淨零耗能建築。紐約、波特蘭、西雅圖、奧斯汀等城市，則祭出「能源基準政策」（Energy Benchmarking Policy）、評比標籤（Labelling）等招式，強制舊建築進行用電資訊揭露或能源翻修。

正能量建築將愈來愈多

　　日本則由政府與企業帶頭推動「建築低碳化」運動，包括大金空調、大成建設等龍頭企業，皆將總部大樓打造成淨零耗能示範基地，松下等營建大廠，也推出許多淨零耗能的住宅社區，同時推廣家用的燃料電池、能源管理系統、小模組太陽能板等綠能商品。

　　隨著市場趨於穩定與技術門檻不斷降低，未來將出現愈來愈多的「正能量建築」（positive energy building），建築的發電量不但多過消費量，甚至可分享給鄰居跟社區，或賣回給電力公司。

IPCC AR5建議
六大建築節能工具

1.從法規面下手：設定建物節能標準、標籤認證與查核制度。繼歐盟和日本後，台達與國內學術單位已開發出全球第三個經官方認證的「建築碳足跡評量」系統。

2.實施強制稽核：透過查核與驗證手段，要求降低建築能耗。搭配如Delta Energy Online等能源監控管理系統，大幅提升建築能效。

3.設定電器能耗標準：為建物特定電器類別設立能效等級，如台達正與政府、民間等單位合作，訂定電梯的能耗標準，推廣舊電梯加裝能源回生系統，即可節能15%～30%。

4.建立能源標章：透過電器用品能源標示制度，鼓勵建物使用更節能的商品，台達為電源及散熱解決方案的領導廠商，旗下DC直流節能換氣扇的北美銷售機種，超過八成皆取得能源之星最高效率（ENERGY STAR - Most Efficient）認證。

5.提倡示範計畫：對公眾展示良好範例及最佳能效的建築設計做法，帶領社會討論並發揮影響力。如台達將過去十幾年所累積的綠建築進行策展，帶領大眾熟悉「淨零耗能建築」及「零碳建築」概念。

6.推動自願協議：公私部門皆可透過共同約定，自主達成節能目標。如台達於COP21前夕簽署「We Mean Business」&「CDP」（碳揭露專案）等國際減碳承諾，並通過科學基礎目標倡議組織（SBTi）符合性審查，甚至加入國際電動車倡議EV100，與全球標竿企業一起對抗氣候變遷。

07

共築未來
迎接綠色成長

《巴黎協定》問世雖才短短幾年，但後續效應與連帶影響愈來愈清晰。比方，2015年，全球已有超過百家大型企業，包括蘋果、谷歌（Google）、微軟、耐吉（NIKE）、宜家（IKEA）、海恩斯莫里斯服飾（H&M）、雀巢、飛利浦、寶馬（BMW）等各行各業龍頭，主動參與再生能源倡議（RE100），承諾在2020年前100%使用再生能源。

　　未來，全球勢必掀起一場綠色供應鏈革命。長年參與國際貿易與全球產業供應鏈的台灣，即便不是聯合國會員，也必須爲這綠色競爭淘汰賽，盡早做好準備。

在巴黎見證歷史時刻的鄭崇華期待，台灣盡快迎頭趕上節能減碳和綠色成長的永續潮流。

從法規、稽核刺激綠建築

　　回頭看台灣，我們手上有什麼幫助節能減碳的利器？或足以參與全球綠色競爭潮流的本錢？

　　台灣目前的自主減量承諾計畫（INDC）目標是：2030年整體排碳量（2.14億公噸）要比2005年（2.69億公噸）下降兩成，表面上看來似乎還不差；然而，若以先進國家慣以1990年做爲減碳基準線，其實2030年的排碳量反而比1990年增加56%，不減反增。

　　近幾年，台灣因應氣候變遷的焦點，仍不脫能源與工業兩塊，反倒是隱藏龐大減碳潛能的建築領域，始終得不到關注。儘管在供應鏈市場及政府政策要求下，台灣的綠建築建物已累積多達數千案，可惜這些案例絕大部分都是新建的，眞正耗能的既有建築並未

受到法規要求揭露用電資訊，或強制經第三方能源評估及翻修，致使國內建築節能遲遲無法向前走。

要想整治建築部門，美國綠建築協會曾提出一套建議步驟，但第一步須從「能源基準政策」做起；亦即要求建築定期蒐集、公開能源使用資訊，以便政府及建築擁有者掌握建築用電量的歷史時序及開銷，進而訂出更合宜的法定能效標準。接著訂出「建築表現評估政策」（Building Performance Evaluation Policy），強制要求建築須具備節能的實施措施和改善成果（Perform and Improve），最後才是用「綠建築標章」（Green Building Certification）政策，更宏觀、全面地檢視建築體質。

因此，除了有賴企業在民間自主推動，政府更應該從制定法規、設定能耗標準、強制稽核等干預手段來刺激綠建築，讓它成為台灣節能減碳的主力之一，大幅推進綠建築的普及與全民運動。

Chapter 4

綠色夥伴迴響

以一家電子製造業的身分背景，默默蓋了這麼多棟綠建築，很多人好奇，到底外界如何評價台達這些年踏出的綠築跡？

以下兩位專家提供一些看法。身為專注設計本業的知名建築師及推廣綠建築標章的綠領顧問，他們如何看待台達的綠築跡貢獻？對於台灣往後推廣建築節能又有什麼建議？

01

成功大學建築系教授
林憲德
推廣建築碳足跡認證
落實減碳救地球

蘋果前執行長賈伯斯曾對外宣稱，外形酷似飛碟、在2016年完工的新總部大樓「Apple Campus2」，將是全球最好、最綠的辦公室。

但時任美國尖端綠建築機構GBI總裁、也是美國名建築評論家尤戴爾松（Yudelson），檢視公開的科學耗電數據後，投書英國《衛報》說：「台灣成功大學綠色魔法學校的耗電密度為40.5度，才是世界真正最綠的建築。」

尤戴爾松一句話，證實了台灣綠建築的驚人成就。但如果得知官方名稱為「成功大學孫運璿綠建築研究大樓」的綠色魔法學校，是出自於被譽為「台灣綠建築之父」、成功大學建築系教授林憲德之手，似乎也就顯得理所當然了。

台灣一定要學美國嗎？

九〇年代末，在日本拿到節能建築博士的林憲德，因應政府對節能環保的重視，傾力協助內政部建築研究所，訂出台灣綠建築的九項評估指標，並強制公有建物只要造價5000萬以上，都必須取得綠建築標章。

「客氣一點講，台灣的綠建築標章幾乎跟美國同步，甚至我敢說，台灣比美國還早，」林憲德自信地說，當年台灣完成《綠建築評估手冊》時，美國還在研究評估標準。

二十年來，林憲德親力親為八次修訂他所執筆

林憲德

出生	1954年
學歷	成功大學建築學士、日本東京大學建築學工學博士
榮耀	內政部長獎、內政部「綠建築特別貢獻獎」、世界屋頂綠化大會「世界立體綠化零碳建築傑出設計獎」、日本空調學會「井上宇市亞洲國際獎」
代表作	台達台南一期、成功大學孫運璿綠建築研究大樓

林憲德與台達攜手的第一棟綠建築台
達台南廠，奠定了雙方長年的合作基
礎。

的《綠建築解說與評估手冊》，讓公家機關的空調設備量至少減少30％，「台灣所有工程系統都是鼓勵浪費的，」他搖頭。

但這也讓林憲德成為營建業又愛又恨的箭靶。

綠建材廠商愛他，搶搭綠建築便車商機無限，讓節能的商品可更快普及；可是不少建築師卻恨得牙癢癢，因為申請一件綠建築，至少需一個員工專職兩個月，曠時又花錢。

　　踢館聲浪更是鋪天蓋地而來。林憲德回想，每次演講都有教授舉手挑戰他，「你訂的綠建築標準有國際認證嗎？」就連當時的政務次長也不解，「爲什麼台灣不遵循美國的標準就好？」

　　面對批評，他咬牙挺了過來，「難道台灣沒辦法提出自己的標準，一定要學美國嗎？」他在心中吶喊。

由於挑戰聲音不斷，林憲德儘管花很多時間制定標準，但他一直不認爲，自己會有機會蓋一棟綠建築；直到遇到鄭崇華，才讓他有機會一展長才。

接受台達委託蓋廠房

　　自鄭崇華與林憲德兩人相識後，由於理念相投，鄭崇華決定把預計興建的台達台南廠，交給他設計成綠建築。

　　由於鄭崇華的信任，林憲德幾乎是奮不顧身拚命去做；節能40％的台達台南廠於2005年完工，2006年拿到全國第一座黃金級綠建築標章，隔年又晉升爲鑽石級，而每坪8.7萬的造價，也沒有比鄰近的廠房貴多少，更重要的是，廠房外觀宛如一座五星級飯店，不時有來訪南科的外賓，詢問進來住宿的方法。

　　「節能是我的硬實力，設計美學是我的軟實力，綠建築的眉角是，如果不漂亮，一切免談，」林憲德直率道出他的觀點。

　　2007年，林憲德又希望於成大蓋另一棟大樓，挑戰更節能的設計，用來推廣綠建築教育。鄭崇華此時又自掏腰包，以私人名義捐贈一億元給成功大學，讓林憲德有機會可以圓夢。

　　爲了使用便宜、自然、本土技術和材料，達到「節能40％、節水50％、CO_2減量40％」的全球最高節能水準，林憲德延攬了四位在建築「光、熱、風」領域

外形彷如「諾亞方舟」的成功大學孫運璿綠建築研究大樓，被美國權威人士評為「世界最綠的建築」。

稱霸的教授，帶領十二位博碩士生，三年內分頭進行十多項頂尖的實驗，同時在復育了4.7公頃森林後，完成「零碳建築」的最高理想。

其中一絕，是號稱全台第一個會呼吸的國際會議廳。容納三百位觀眾的會議廳，通常是建築物最耗能空間，但透過「灶窯通風」設計，一年裡將近有五個月，不開空調就有通風效果。

這棟大樓在獲得鄭崇華的資助後，林憲德就一直希望能彰顯鄭崇華的伯樂之見。由於鄭崇華一開始有意以孫運璿資政為研究大樓命名，因此他盼能將節能的國際會議廳命名為「崇華廳」，以報對鄭崇華的知遇感念。雖然以贊助人命名演講廳，在台灣的大學裡並不罕見，鄭崇華仍不斷推辭，最後實在拗不過林憲德的真性情，只能答應了。

建立「建築碳足跡認證制度」

綠色魔法學校把林憲德在綠建築的成就推上巔峰，接下來，他要推動建築的碳足跡認證。

林憲德表示，「綠建築可以減碳救地球」的口號誰都會喊，但國內始終沒有建材量化標準，在台達全力贊助下，2013年他在台灣建立「建築碳足跡認證制度」，舉凡磁磚、水泥等建材，從原料開採、運輸到廢棄，減了多少碳，都將一目了然。

推動六年來，台灣已有27件認證通過，在目前擁有

建築碳足跡認證制度的三個國家（另外兩個爲日本、
歐盟）裡，排名第一。

　　「評估認證後，最重要是回饋到行動上，達到建築
減碳的目的，」他強調。就如同林憲德二十年來誠實
地推動平價實用、信賴度高又容易執行的綠建築認證
制度，未來他將卯足全力，讓台灣也走在建築減碳的
最前面。

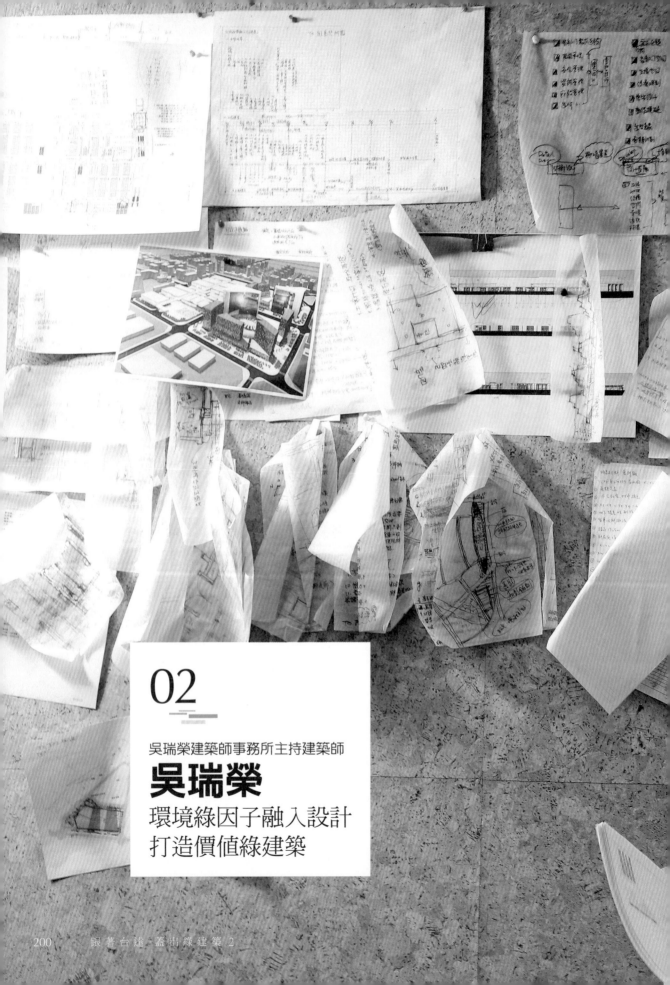

02

吳瑞榮建築師事務所主持建築師

吳瑞榮

環境綠因子融入設計
打造價值綠建築

吳瑞榮建築師事務所，位在台北市信義路四段一棟不太起眼的大樓四樓，就像他本人一樣低調。然而，目前台灣57家股票上市公司的辦公室、廠房，都找他設計，業主包括台達、鴻海、明基、華碩、廣達、光寶等科技大廠，累積案量數以千萬計，堪稱是兩岸設計最多高科技廠房的建築師。

　　由於蓋過的廠房無數，讓他對科技廠的規格十分熟悉，「那些科技業老闆對電腦製程不一定有我了解，」吳瑞榮自信地說。

吳瑞榮

出生	1954年
學歷	中原大學建築學士
榮耀	第七屆優良綠建築獎
代表作	台達桃三廠、台達桃五廠、台達中壢研發大樓

無心插柳為科技公司蓋廠房

　　很多人不禁好奇，吳瑞榮為何深受這些科技大老闆的青睞，不管在世界任何地方蓋新廠辦，都非指名他不可？

　　回想三十年前踏入「工廠專業建築師」這一行，吳瑞榮笑說，「完全是無心插柳。」

　　中原大學建築系畢業後，年輕、衝勁十足的他，開了一家小型建築事務所，由於是南部長大的孩子、在台北沒有任何關係，只能承接之前在老師辦公室幫忙的醫院工程和公共工程。

　　直到一位建築前輩引薦，吳瑞榮和一位科技老闆及該公司二十位經理面試了十一小時，大膽接下一個半途而廢的科技廠設計案。由於他的父親開工廠，讓他對廠房不陌生，加上在學校接觸公共工程，對建築結

構、水電、空調有綜合性了解,讓他順利完成任務,從此一戰成名。

提到和台達合作的源起,吳瑞榮猶記得,二十年前的一個晚上,他正與一家科技廠老闆在內湖工地對營造廠的施工品質討論把關,不經意瞥見五、六個人站在後面,其中一人就是台達營建處總經理陳天賜。不久,陳天賜就找吳瑞榮設計大陸吳江的廠辦。

「陳總大概感受到我對營造廠的要求非常嚴格,」吳瑞榮扳起臉說,施工品質對他完全沒打折空間,只要不符合標準,一定拆掉重蓋。

跟隨台達赴德國取經綠建築

吳瑞榮印象最深刻的是,2005年台達創辦人鄭崇華、現任執行長鄭平、陳天賜等人,前往德國進行三個星期的綠建築取經之旅。

他有感而發地說,綠建築本來就是建築學系學生的基本教育,希望人類居住在節省能源又舒適的環境中。只可惜台灣老闆大多白手起家,抱著能省則省的最高指導原則,只要建築師提出開個通風口做對流這類和生產效率無關的綠建築建議,通常都會被業主打回票,以至於建築師也不想多事。

但吳瑞榮做夢也沒想到,竟能碰上像鄭崇華這樣的業主。「真的很難不被他感動,一個科技大老闆竟然對綠建築這麼熱情。」鄭崇華是他看過最用心、慎重

的業主。

他曾對鄭崇華開玩笑，「你想要綠建築，但綠建築是要花錢的！」沒想到鄭崇華當場反駁，「為什麼綠建築一定要花錢？合理的造價也能達到長期的效果。」務實精神一覽無遺。

後來，吳瑞榮就和台達營建處在吳江蓋了一個實驗廠，把在德國學到的綠建築技巧，利用當地唾手可得的材料進行研究。

最具體可行的，莫過於「新風降溫的導風層」。一般而言，空調必須抽取25％的新鮮空氣補充，若溫差過大，就得使用電力快速降溫，但這卻很浪費能源。

這時，若採用德國人的取風方法，就能大大節省能源。如果取自陰面、水面上、樹蔭下或草皮，新鮮空氣的溫度就會降2～3度。

因此，吳瑞榮學習德國人在廠房下做了「導風層」，讓新鮮空氣到下層低溫處，峰迴路轉繞個五分鐘，又會再下降2～3度，這樣一來，省下來的空調用電量就相當可觀。

用合理的造價達到節能效果

就這樣，一項又一項的成功實驗，成為台達新建廠辦的必要條件，後來，吳瑞榮更把這些綠建築實驗，像集大成般，一股腦兒注入2012年落成的台達桃園三廠中。

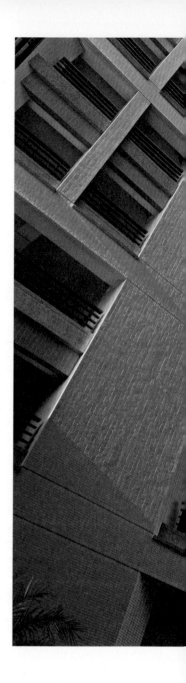

外表雖然看不出台達桃三廠的「綠」在哪裡，但建築內部卻藏著許多節能手法

　　光看桃三廠外觀，絕對無法讓人和綠建築聯想在一起，連屋頂上都沒有象徵降溫的花草植栽。然而，桃三廠完工後，卻吸引不少專業建築師取經，是貨真價實美國LEED黃金級綠建築，每平方米的用電量僅有一般大樓的3／5。

　　關鍵就在看不見的內部設計。「桃三廠的inside比outside精采，」吳瑞榮扳起手指細數，包括陰陽面、空

氣對流、斷熱系統等，所有的綠色創意，都必須奠基於對環境的了解。

吳瑞榮心目中的綠建築，並非注重外在視覺的「形象綠建築」，而是用合理的造價，達到節能效果的「價值綠建築」，只要花一點心思，就能把環境綠因子置入建築中。

二十年來和台達的合作，不僅影響吳瑞榮，也影響旗下所有建築師。他們設計出的所有建築，一定都要注意空氣對流、是否斷熱、空調用電量節省等的檢測，「這是從沒想過的意外收穫，」吳瑞榮笑著說。

關於綠建築的三個事實

文／高宜凡、詹詒絜

「我知道綠建築很好，但我又不是蓋房子的建商、建築師，也不是主導決策的政府官員跟企業主，關我什麼事？」

這幾年走在推廣綠建築的道路上，偶爾會耳聞如此觀點，顯然部分社會大眾似乎對於氣候變遷、全球暖化、能源危機等超大議題，仍感到遙不可及，又或是對標榜節能減碳的環保技術，存有類似苦行僧的刻板印象與難以破除的迷思。

因此，爲《跟著台達 蓋出綠建築》第一版和增訂版執筆的過程中，我們希望透過書寫，讓讀者認識三個關於綠建築的事實。

事實一：綠建築不貴，還可以幫忙省錢

從數十年的生命週期與使用過程來看，綠建築眞的不貴！台灣內政部建築研究所在2018年提出一份研究，在調查完國內95棟住宿類、非住宿類（辦公和學校）型態建築，最後總結有綠建築標章的建物，造價

並沒有明顯高於一般建築，反而是部分一般建築案件，因為業主的特殊使用，而要求價格較高之建材或特別設計，導致造價比綠建築還高。

以台達捐贈的孫運璿綠建築研究大樓為例，以整體造價來計算，在不包含再生能源的安裝成本下，建築每平方米的平均花費大約2萬9千元，與台灣傳統辦公樓的建置成本旗鼓相當。

而且別忘了，從節能減碳的省錢效果來看，綠建築回本只是時間的問題而已。

台達不僅透過綠建築省下數千萬的電費，更同時把自身技術能量投入其中，進而衍生出樓宇自動化解決方案、線上監測智慧軟體、能源儲存與管理系統等一系列新產品。

而投入或是贊助的綠能競賽或環境倡議活動，更成為了旗下業務單位與經銷夥伴最佳的推廣場合，一來替企業營造正面的形象，二來也因此獲得了不少的訂單。

事實二：整合式設計，綠建築的不二法門

其次，打造一棟低耗能建築，其實不一定需要太多複雜的設計和天價般的再生能源及節能系統，最核心的關鍵仍在於如何善用建物周遭的自然環境，去做被動式設計。

全球知名能源理論家埃默里·羅文斯（Amory

B. Lovins）就推崇一套「整合設計」（integrative design），背後藏有幾大建築設計的原則，像是「能源效率先於供應」、「被動式優於主動式」、「簡單重於複雜」等，讓建物有辦法在「整個生命週期」上，始終維持低耗能的特質，不僅花費的成本不全然比較高，回本期也可以縮短，甚至未來也無須再投入大筆資金為節能重複修建。

不過，要成就這套整合設計，關鍵還是在於各方跨領域人才之間的溝通，包含業主、建築師、工程師、營建團隊、機電人員及設備廠商等，是否有機會一起坐下來好好辨別出最適合的設計、互相了解各方需求，這都相當重要。

舉例來說，紐約帝國大廈的翻修，當時就是匯集業主、租戶、溫控設備商、房地產投資管理公司等意見，並加以執行，才有了一張節能近40%、回本期僅三年的漂亮成績單。

由此可見，蓋一棟低耗能建築，絕非只是建築師和營建團隊的工作而已，周圍可能會涉及的利害關係人，像是設備商、地產管理公司等，都應該被納入討論圈裡，才能讓建築吃更少的電、排更少的碳。

事實三：從生活做起，房子也可以很綠

最後，正確使用建築設施，就是一般人最能親身實踐的愛地球行為之一。

根據研究指出，建築占全球過半（51%）的電力消耗量，以美國首善之區紐約市為例，建築即占了全市77%的排碳量。只要設法先將建築的耗能跟碳排放降下來，問題就解決了一大半。

　　事實上，在一棟建築長達數十年的使用壽命中，最大排碳來源並非前期的營造過程，而是往後的日常使用階段。說到這，就跟一般人息息相關了。

　　想想看，你一天有多少時間待在公司、會議室、工廠或自家住宅？只要在每天生活跟工作的建築空間內省個幾度電，比方設定有助節能的冷氣溫度、多開門窗加強通風跟照明、改用省電燈泡等，諸如你我這樣的小老百姓，都能為節能減碳做出貢獻。

　　也無怪乎，許多綠建築設計者都異口同聲地說，完工後的使用者行為，才是綠建築能否發揮作用的真正關鍵！

後續使用者影響力更大

　　如果一棟綠建築原本就設計引進自然風的被動式節能手法，不必耗能就能讓室溫維持舒適溫度，結果完工之後，使用者還是習慣一進門就關窗、開冷氣，建築耗電量依舊降不下來。

　　因此，除了最初的設計者跟施工團隊，決定一棟建築到底夠不夠綠？有多好的節能效率？後續使用者（就是你我）的影響力其實更大。

期待透過這本書，讓小至個人，大到企業、政府，都
能破除對於綠建築與環境議題的長年迷思，然後開始
願意改變。

財經企管 BCB687

跟著台達蓋出綠建築 2
深植校園綠色種子

作者 —— 台達電子文教基金會
主編 —— 李桂芬
責任編輯 —— 溫怡玲、劉宗翰、羅秀如、邱元儂、詹于瑤、李美貞（特約）
封面設計 —— 鄭仲宜、蔡榮仁（特約）
內頁排版 —— 翁千雅
圖片提供 —— 台達電子文教基金會、《遠見》雜誌

出版者 —— 遠見天下文化出版股份有限公司
創辦人 —— 高希均、王力行
遠見・天下文化・事業群 董事長 —— 高希均
事業群發行人／CEO／總編輯 —— 王力行
天下文化社長／總經理 —— 林天來
國際事務開發部兼版權中心總監 —— 潘欣
法律顧問 —— 理律法律事務所陳長文律師
著作權顧問 —— 魏啟翔律師
社址 —— 台北市 104 松江路 93 巷 1 號 2 樓
讀者服務專線 —— （02）2662-0012
傳真 —— （02）2662-0007；2662-0009
電子信箱 —— cwpc@cwgv.com.tw
直接郵撥帳號 —— 1326703-6 號 遠見天下文化出版股份有限公司

製版廠 —— 東豪印刷事業有限公司
印刷廠 —— 立龍藝術印刷股份有限公司
裝訂廠 —— 台興印刷裝訂股份有限公司
登記證 —— 局版台業字第 2517 號
總經銷 —— 大和書報圖書股份有限公司電話／（02）8990-2588
出版日期 —— 2020 年 2 月 12 日第一版第 1 次印行

定價 —— 450 元
ISBN —— 978-986-479-928-2
天下文化官網 —— bookzone.cwgv.com.tw
本書如有缺頁、破損、裝訂錯誤，請寄回本公司

國家圖書館出版品預行編目(CIP)資料

跟著台達蓋出綠建築2：深植校園綠色種子 /
台達電子文教基金會著. -- 第一版. -- 臺北市：
遠見天下文化, 2020.02
　面；　公分
ISBN 978-986-479-928-2(平裝)

1.綠建築 2.建築節能 3.作品集

441.577　　　　　　　　　　109000404